Knolle / Mohr / Seitz • Nordwestliches Harzvorland

Streifzüge durch die Erdgeschichte

Herausgegeben von Dr. Gunnar Meyenburg

Die faszinierendste Geschichte der Erde ist die Geschichte der Erde selbst. Namhafte Autoren vermitteln in der Buchreihe „Streifzüge durch die Erdgeschichte" einen anschaulichen, lebendigen und verständlichen Einblick in die oftmals spektakulären Prozesse der Entwicklung unseres Lebensraums über Hunderte von Millionen Jahren. Jeder einzelne Band motiviert die Leser, den Spuren der erdgeschichtlichen Entwicklung im Gelände zu folgen und auch teilweise heute noch wirksame Kräfte kennenzulernen. In Verbindung mit vielfältigen, ergänzenden Informationen zu Lehrpfaden, Mineral- und Fossilfundstellen, Museen, Schaubergwerken und vielem anderem mehr ist jeder Band der Reihe die ideale geotouristische Begleitung und abgestimmt auf die Besonderheiten der jeweils behandelten Region. Die Abschnitte sind dabei so gewählt, dass sie bequem zu Fuß erkundbar sind.

Bereits lieferbar:

Nördliche Rhön, Nördliche Oberpfalz, Nationalpark Berchtesgaden, Lahn-Dill-Gebiet, Hunsrück, Fichtelgebirge, Altmühltal, Mecklenburgische Eiszeitlandschaft, Mecklenburgische Seenplatte, Oberharz, Wutachregion, Nördlicher Mittelharz

Demnächst erscheinen:

Südschwarzwald und Kaiserstuhl, Osteifel, Süd- und Ostharz

Weitere Regionen in Vorbereitung.

Falls Sie laufend über die Neuerscheinungen informiert werden möchten, nutzen Sie bitte die Bestellkarte in der Mitte des Buches.

Legende

Die Nummern entsprechen den bei den Streifzügen und im Kapitel „Nützliches und Informatives“ angegebenen. Geographische Koordinaten der Geopunkte finden Sie zusammen mit einer Kurzbeschreibung auf S. 122.

1 Besucherbergwerk Rammelsberg (S. 26, 74)
2 Steinbruch Schiefermühle am Rammelsberg (S. 29)
3 Maltermeister Turm, Blick über Goslar (S. 30)
4 Klusfelsen (S. 31)
5 Steinbrüche am Sudmerberg (S. 33, 89)
6 „Neokom“-Transgression (S. 34)
7 Kaiserpfalz und Start des Stadtrundgangs (S. 35)
8 Domvorhalle der ehemaligen Stiftskirche (S. 35)
9 Großes Heiliges Kreuz mit Bruch- und Lesesteinverbänden (S. 36)
10 Ehem. Realschule Hoher Weg mit Sudmerberg-Kalksandsteinen (S. 37)
11 Türme der Marktkirche (S. 38)
12 Goslarer Marktplatz, Beispiele von Schieferdächern (S. 38)
13 Goslarer Museum (S. 38)
14 Kanstein (S. 41)
15 Schichtrippe des Steinkuhlenbergs (S. 42)
16 Aufgelassener Steinbruch Lampe (S. 42)
17 Erdfall am Ritterkopf (S. 43)
18 Karstquelle Kirschensoog (S. 45)
19 Hubertusgrotte am Jägerhaus (S. 45)
20 Geroldsklippe im Härtlingszug der Bodensteiner Klippen (S. 45)
21 Sofaklippe (S. 46)
22 Walderlebnispfad Eidechsengrund (S. 47)
23 Bismarckturm auf dem Hamberg (S. 49)
24 Kammweg im Unteren Muschelkalk (S. 50)
25 Steinbruch nördlich Heinemannshöhe (S. 50)
26 Flammenmergel-Steinbruch (S. 50)
27 Tagebau Finkenkuhle (S. 51)
28 Muschelkalkaufschluss mit Terebratelbänken (S. 53)
29 Exponate der Saline Salzgitter (S. 53)
30 Gesteinslehrpfad in Gebhardshagen (S. 53)
31 Steinbruch Glück-Auf-Halle mit triassischen Sedimenten (S. 53)
32 Burg Lichtenberg auf dem Burgberg (S. 56)
33 Steinbruch Kruxberg mit Sedimenten der Schwellenfazies (S. 57)
34 Tagebausee Haverlahwiese (S. 57)
35 Höhenweg entlang des Muschelkalkkamms (S. 58)
36 Trochitenkalk-Steinbruch am Hardewegforst (S. 58)
37 Blick zum Salzgittersee (S. 59)
38 Gaußstein auf dem Kruxberg (S. 60)
39 Hausmannsturm an der Liebenburg (S. 64)
40 Profil Braunes Lager (Eisenerzgrube Ida) (S. 65)
41 Profilschnitt am Flöteberg von Albium bis Turonium (S. 65)
42 Gipskuhle Othfresen (Gips-Aufschlüsse und Kalkhalbtrockenrasen) (S. 66)
43 Episodische Karstquelle Grevelquelle (S. 68)
44 Gelände der Eisenerzgrube Fortuna (S. 68)
45 Fortuna-Klärteich (S. 69)
46 Erzbasisaufschluss Braunes Lager (S. 69)
47 Mundloch des Schroederstollens (S. 70)
48 Schneeberg mit Rot- und Cenomanium-Plänerkalken (S. 71)
49 Turoniumpläner-Steinbruch am Schneeberg (S. 71)
50 Zechengebäude des Schachts Georg-Friedrich (S. 71)
51 Tagebau Glockenberg (Jura-Schichten und Trümmererz) (S. 72)
52 Morgenstern-Klärteich (S. 72)
53 Deponie im Tagebau der Eisenerzgrube Morgenstern (S. 72)
54 Kloster Wöltingerode (Rogen- und Buntsandstein) (S. 78)
55 Buntsandsteinaufschluss am Schacht II (S. 80)
56 Buntsandstein-Steinbruch (Wellenrippel und Schrägschichtung) (S. 81)

Danksagung

Für freundliche Unterstützung danken wir dem Geopark Harz . Braunschweiger Land . Ostfalen, dem Geschichtsverein Goslar e.V., dem Harz-Verein für Geschichte und Altertumskunde e.V., Prof. Dr. Carsten Brauckmann, Dr. Jörg Brückner, Ingrid und Klaus Dönselmann, Dr. Hans-Joachim Franzke, Dr. Hartmut Knappe, Rotraut und Günter Mohr, Dr. Rainer Müller, Günter Piegsa, Dr. Heinz-Gerd Röhling, Hildegard Rupp, Gerhard Schöne, Dr. habil. Volker Wilde und Dr. Volker Wrede. Weiterhin danken wir ausdrücklich allen OpenStreetMap-Mitwirkenden für ihren ehrenamtlichen Einsatz bei der Erfassung von frei verfügbaren Geo- und Kartendaten.

Friedhart Knolle, Stefan Mohr und Marion Seitz

Streifzüge durch die Erdgeschichte

Friedhart Knolle / Stefan Mohr / Marion Seitz

Nordwestliches Harzvorland

Die Klassische Quadratmeile der Geologie

edition Goldschneck
im Quelle & Meyer Verlag

Der Herausgeber:

Dr. Gunnar Meyenburg
Osterstraße 187
20255 Hamburg
E-Mail: info@sci-script.de

Die Autoren:

Dr. Friedhart Knolle
Grummetwiese 16
38640 Goslar
E-Mail: fknolle@t-online.de

Dipl.-Ing. (FH) Stefan Mohr
Hamburg
E-Mail: geologie@nordie.de

Marion Seitz B.Sc.
Kassel
E-Mail: marion-seitz@web.de

Bibliografische Information der Deutschen Nationalbibliothek
Die Deutsche Nationalbibliothek verzeichnet diese Publikation in der Deutschen Nationalbibliografie; detaillierte bibliografische Daten sind im Internet über http://dnb.d-nb.de abrufbar.

Fotos: Stefan Mohr (wenn nicht anders angegeben)
Topographische Karte: Theiss Heidolph, Dachau
Druck und Verarbeitung: TZ-Verlag & Print GmbH, Roßdorf
Printed in Germany/Imprimé en Allemagne
ISBN 978-3-494-01598-9

Zur Reihe „Streifzüge durch die Erdgeschichte“

Liebe Leserinnen, liebe Leser,

das wachsende Interesse an Natur und Umwelt hat in den vergangenen Jahren auch bei geowissenschaftlich orientierten Themen nicht Halt gemacht. Oftmals waren es Naturereignisse, die die Geowissenschaften stärker in das Licht der Öffentlichkeit gerückt haben, aber auch Fragen, die unsere Zukunft betreffen. Die Deckung des Rohstoffbedarfs und die Diskussion um klimatische Veränderungen und deren Ursachen und Folgen sind nur einige Beispiele.

Die Erde und das Leben auf diesem Planeten haben im Laufe ihrer Entwicklung ausgesprochen vielfältige und dramatische Veränderungen erfahren. Vieles davon lässt sich an den Gesteinen als deren stummen Zeugen trotz ihres oft schwer vorstellbaren Alters, aber auch an der Gestalt der Landschaft ablesen. Gerade dieser Blick in die Vergangenheit ist es, der uns Prognosen über Zukunftsszenarien erlaubt, indem die Rekonstruktion einstiger Umwelt- und Lebensbedingungen mit Vorgängen und Gesetzmäßigkeiten verknüpft werden, die zu diesen Bedingungen geführt haben.

Natürlich steckt hinter diesem Erkenntnisgewinn weit mehr als das, was sich dem Betrachter geologischer Objekte vor Ort erschließen kann. Akademische Diskussionen sind jedoch nicht Gegenstand dieser allgemeinverständlich gehaltenen Reihe. Die Autoren und ich möchten Ihnen vielmehr Erdgeschichte zum Erleben bieten und Sie dazu auf eine ereignisreiche und spannende Reise mitnehmen. Die Buchreihe „Streifzüge durch die Erdgeschichte“ richtet sich vor allem an all jene, die sich nicht ausschließlich an der Schönheit und den Eigenheiten von Landschaften erfreuen möchten, sondern sich zugleich auch Gedanken über deren Entstehung machen und nach entsprechenden Antworten suchen.

Sie will motivieren, sich auf die Suche nach den Spuren der äußerst bewegten Erdgeschichte Deutschlands und Mitteleuropas zu begeben und die mit ihr untrennbar verbundene Geschichte des Lebens selbst nachzuempfinden, ohne dass hierzu eine fachliche Vorbildung vonnöten wäre. Die einzelnen Bände begnügen sich nicht mit einer isolierten, steckbriefartigen Darstellung geologischer Objekte, sondern stellen die Synthese von Einzelinformationen zu einem Gesamtbild der Entwicklungsgeschichte einer Landschaft stark in den Vordergrund. Die Größe der jeweils vorgestellten Gebiete ist daher auch überschaubar gehalten.

Ich möchte mich an dieser Stelle bei allen Autoren bedanken, die an dieser Buchreihe mitwirken und den komplexen Stoff der Intentionen der Reihe entsprechend verständlich und anschaulich darstellen.

Ganz ohne Fachtermini geht es dabei allerdings nicht. Damit der Lesefluss nicht durch Begriffserklärungen gestört wird, wurde die Marginalspalte genutzt, um wichtige Begriffe kurz zu erläutern oder auch andere Hinweise zu geben.

Nun wünsche ich Ihnen viel Freude und aufschlussreiche Einblicke in die Erdgeschichte bei Ihren geologischen Streifzügen.

Dr. Gunnar Meyenburg
Herausgeber

Inhaltsverzeichnis

Landschaft, Natur und Geologie der Region

Das Exkursionsgebiet

Der westliche Teil des Harznordrands und sein Vorland werden als „Klassische Quadratmeile der Geologie" bezeichnet. In der Tat ist hier eine Fülle von Gesteinen vom Paläozoikum über das Mesozoikum bis zu jüngsten Ablagerungen aus dem Känozoikum auf engstem Raum zu finden – wie an kaum einem anderen Ort Mitteleuropas. Hinzu kommt das Vorhandensein bedeutender Lagerstätten mineralischer Rohstoffe, die Anreiz zu geologischen Untersuchungen boten und teilweise noch bieten.

Paläozoikum: Erdaltertum

Mesozoikum: Erdmittelalter

Känozoikum: Erdneuzeit

Der Harznordrand ist als Aufschiebung entwickelt, mehrphasig entstanden und tektonisch komplex gebaut. Durch die Herausbildung einer tief reichenden Störung und die Hebung des Harzes sind dort die nördlich vorlagernden Schichten des Deckgebirges aus der horizontalen Lage mitgeschleppt und dabei aufgerichtet worden. Daher wird die Harznordrand-Störung auch als Harznordrand-Überschiebung bzw. -Flexur bezeichnet.

Überschiebung: tektonische Störung, bei der die Hangendscholle eine Aufwärtsbewegung vornimmt

So wurde in einem schmalen Streifen entlang des Harzrands praktisch die gesamte mesozoische Schichtenfolge, die sonst im Untergrund des Harzvorlands verborgen ist, an der Erdoberfläche zugänglich. Infolgedessen stehen im Raum Goslar die Schichten des Buntsandsteins, Muschelkalks und Keupers an, ferner die Schichtfolge des Juras und schließlich Gesteine der Unter- und Oberkreide. Östlich von Bad Harzburg und bei Seesen treten lokal zusätzlich Rotliegend bzw. Zechstein auf.

Flexur: s-förmige Verbiegung von Gesteinsschichten

Die meisten dieser Schichten sind oder waren in der Vergangenheit in zahlreichen Bergwerken, Steinbrüchen, Sand- oder Tongruben aufgeschlossen. In vielen geologischen Sammlungen der Harzregion liegt daher Material aus der Klassischen Quadratmeile der Geologie (nachfolgend „Quadratmeile" genannt). Besonders erwähnt seien hier die Sammlungen des Goslarer Museums und das dortige Geopark-Informationszentrum, welche einen ausgezeichneten Überblick über die geologische und paläontologische Entwicklung des Nordharzraums geben, sowie das Geopark-Informationszentrum Schloss Salder in Salzgitter.

Geopark: geowissenschaftlich bedeutendes Gebiet, in dem Erdgeschichte erlebbar gemacht werden soll

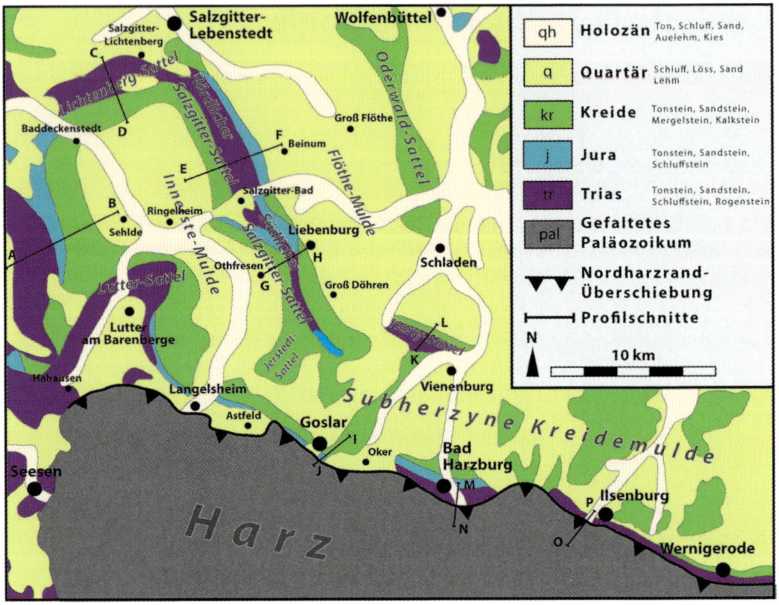

Vereinfachte geologische Übersichtskarte des Exkursionsgebiets (verändert nach LBEG 2016a und VOIGT et al. 2004)

Quarzit: Sandstein, dessen Porenraum mit Quarz gefüllt (verkieselt) ist

Diabas: grünlicher, basischer Paläobasalt, untermeerisch ausgeflossen, heute als Dolerit bezeichnet

submarin: untermeerisch

Vulkan: Austrittsstelle geschmolzener Gesteine oder Gesteinspartikel

Von Süden her stoßen vorwiegend devonische Gesteine an den Harzrand. Sie bilden die breite Struktur des Oberharz-Devonsattels, in dessen Kern unterdevonische Sandsteine und Quarzite anstehen, die zusammenfassend als Kahleberg-Sandstein bezeichnet werden. Nach Westen hin schließt sich der Goslar-Trog an, der mächtige Tonschiefer des Mitteldevons enthält, in die Diabaslager als Zeugen des submarinen Vulkanismus eingeschaltet sind. Im Übergangsbereich zwischen diesen beiden Strukturen rissen Spalten auf, in denen aus dem tiefen Untergrund metallhaltige hydrothermale Lösungen aufstiegen, deren Ausfällungen Erzschlämme in Form großer Linsen am damaligen Meeresgrund bildeten. Die so entstandenen Rammelsberger Erzlager wurden 390 Millionen Jahre später bereits von den steinzeitlichen Menschen entdeckt, konnten aber technisch von ihnen noch nicht genutzt werden. Erst in der Kupfer- bzw. Bronzezeit gelang dies. Die Rammelsberger Metalle schufen die Grundlage für Aufstieg und Reichtum der Stadt Goslar im Mittelalter. Die Erze lieferten den römisch-deutschen Kaisern und Königen das begehrte Blei, Kupfer und Silber, sodass sich Goslar zeitweilig zur wichtigsten Reichspfalz entwickelte. Von dieser Blütezeit künden zahlreiche Bau- und Kunstdenkmäler im Stadtbild. Nach politischen Wirren und Auseinandersetzungen mit den Herzögen von Braunschweig im 16. Jahrhundert verlor Goslar 1552 mit dem aufdiktierten Riechenberger Vertrag seinen Einfluss auf den Rammelsberger Bergbau und die Stadt verarmte. Im 20. Jahrhundert, als es mit der Methode der Flotation gelang, auch das feinkörnige Erz optimal aufzubereiten, erlebte der Rammelsberg eine neue Blütezeit, ehe der Bergbau wegen Erschöpfung der Lagerstätte 1988 eingestellt wurde. Ein weiteres Rammelsberger Lager fand sich bisher trotz geologischer Indizien auch nach intensiver Prospektion nicht – dieses Beispiel zeigt aber, dass die Quadratmeile noch heute ein für die Rohstoffsuche relevantes Gebiet ist.

Das Nordharzvorland und seine über 2.000 m mächtige Sedimentfüllung werden geologisch als Subherzynes Becken oder – nach den jüngeren, darin abgelagerten Sedimenten – als Subherzynes Kreidebecken bezeichnet. Es erstreckt sich, in große, von Störungen eingerahmte Leistenschollen unterteilt, von der Hochscholle des Harzes bis zur Flechtingen-Roßlau-Scholle im Nordosten. In diesem nach-variskischen Becken, das als Nebenbecken des Niedersächsischen Beckens angesprochen werden kann, ist die während des Perms, Mesozoikums, Tertiärs und Quartärs abgelagerte Schichtenfolge weitgehend erhalten geblieben. Durch die Fließfähigkeit des Zechsteinsalzes im Untergrund kam es ab etwa dem Keuper zur Bildung von Salzkissen und Salzstöcken. Die über dem Salz lagernden Schichten wurden aufgewölbt und bilden nun schmale Sattelzonen oder breite Gewölbe, in denen die Schichten des Deckgebirges an der Oberfläche anstehen, so z. B. am Lutter-Sattel, Salzgitter-Höhenzug, Harly, Fallstein oder Huy. Strukturbildend ist die „Saxonische Bruchschollentektonik", eine Intraplatten-Kompressionstektonik, im Rahmen derer auch die Harzscholle relativ um über 7 km gehoben, nach Nordosten in Richtung Subherzynes Becken geschoben und teilweise auch auf das Subherzyne Becken überschoben wurde. Dadurch wurden die älteren dieser Schichten am Harzrand aufgebogen, steil aufgerichtet und lokal sogar überkippt, sodass die „Nordharz-Aufrichtungszone" entstand.

Hydrothermen: heiße, gas- und salzreiche wässrige Lösungen

Flotation: Aufbereitungsmethode, die auf der unterschiedlichen Benetzbarkeit von Erzmineralen basiert

Sediment: Ablagerungsgestein

Leistenscholle: leistenartiger Gesteinskörper, der durch tektonische Störungen bewegt und i. d. R. herausgehoben wurde

variskisch: auf die variskische Kollision mit gleichnamiger Gebirgsbildung vor ca. 330 Ma bezogen

saxonische Tektonik: Bruchschollentektonik in Mitteleuropa nördlich der Alpen von der Oberkreide bis in das Pliozän

Tektonik: Lehre von den Bewegungsvorgängen der Erdkruste bzw. den durch sie entstandenen Formen

Plattentektonik: Bewegungsprozesse von Teilen der Erdhülle in Form von Kontinentalplatten, die dem Erdmantel aufliegen und auf diesem wandern

Kompressionstektonik: tektonische Erdbewegungen, die zum Zusammenpressen der Gesteinskörper führen

Umweltgeologie: auf Umweltfragen bezogene Geologie wie Altlasten, Grundwasserschutz u. a.

Zahlreiche Geologen führten im Nordharzvorland in und rund um die Quadratmeile Untersuchungen durch. Genannt seien nur Hans Stille und Hans Cloos, die hier zu Anfang des 20. Jahrhunderts wesentliche Beiträge zur „Saxonischen Tektonik" erarbeiteten.

Die Klassische Quadratmeile der Geologie

Aufgrund der beschriebenen Vielfalt geologischer Aufschlüsse ist es kein Wunder, dass unser Exkursionsgebiet unter Geologen weltberühmt ist. Schon der Untertitel dieses Führers benennt sie – die „Klassische Quadratmeile der Geologie". Zwar wurden in der Literatur hin und wieder auch andere Gebiete, wie der Raum Osnabrück oder Teile Süddeutschlands, ebenfalls so bezeichnet, doch ist der Nordwestharz rund um Goslar die eigentliche „Klassische Quadratmeile" der geologischen Literatur. Leider ist die Aufschlussdichte in diesem Gebiet heute bei weitem nicht mehr so „klassisch" und hat nicht mehr das zu bieten, was die Geologen der vergangenen Jahrhunderte noch gesehen haben.

Dafür könnte man geneigt sein, die Region heute als „Klassische Quadratmeile der Umweltgeologie" zu bezeichnen, wenn man sich vergegenwärtigt, welche massive Umweltbelastung der Bergbau und das mit ihm verbundene Hüttenwesen hier hinterlassen haben und wie heute die zuständigen Behörden und moderne Recyclingfirmen versuchen, mit diesen Altlasten und weiteren Bergbaufolgeschäden sinnvoll umzugehen. Innerste und Oker gehören zu den am stärksten vom Menschen mit Schwermetallen belasteten Flussgebieten Mitteleuropas (vgl. Infokasten „Spätfolgen des Bergbaus", Streifzug 4). So ist es zukunftsweisend, dass hier aufgrund einer Initiative der Technischen Universität (TU) Clausthal, anderer Hochschulen und Forschungseinrichtungen sowie zahlreicher Unternehmen 2017 die „Recyclingregion Harz" eingerichtet wurde.

Doch wer prägte den Begriff „Klassische Quadratmeile der Geologie"? Generationen von Geologen haben in Vorlesungen gehört, dass Johann Wolfgang von Goethe (1749–1832) der Urheber dieses Begriffs sei, und auch heute noch wird diese Wortschöpfung oft ihm und seinen Harzreisen zugeschrieben. Doch Goethe hat eine solche Formulierung niemals benutzt, wie eine kritische Durchsicht der betreffenden Quellen und Literatur ergab.

Die erste nachweisbare Spur zu einer regionalgeologischen Überlegung, die sich dann später zur „Klassischen Quadratmeile" – allerdings noch ohne Harzbezug – weiterentwickelte, führt zu Abraham Gottlob Werner (1750–1817). Er war Lehrer an der Bergakademie Freiberg, begründete die Geognosie als Vorläuferin der heutigen Geowissenschaften und hatte bei seinen Studien vorwiegend den sächsischen Raum im Blick – den Harz hat er selbst nie gesehen. Vieles von Werners Forschungsergebnissen findet sich nicht in seinen eigenen Schriften, sondern vorwiegend in denen seiner Schüler. Werners Ansatz war es, in dem von ihm bearbeiteten mitteldeutschen Raum aufgrund des Wissens, das der Bergbau lieferte, strukturelle Gesetzmäßigkeiten herauszuarbeiten und sie von dieser Modellregion auf andere Teile der Erde zu übertragen, um die damals noch weitgehend unklare Geologie der Erde besser zu verstehen – ein durchaus moderner, später als „klassisch" bezeichneter Ansatz.

Einer der Schüler Werners, der auch internationale Forschungsreisen unternahm, was Werner nicht tat, war das Universalgenie Alexander von Humboldt (1769–1859). Ihm waren Mitteldeutschland und die Harzregion gut bekannt – er hatte sich 1789 an der Universität Göttingen immatrikuliert und unternahm von hier aus mehrere Reisen nach Hessen und ins Eichsfeld, durch das heutige Niedersachsen und in den Harz, wo er u. a. den Brocken bestieg. Humboldt, der übrigens 1819 erstmals den Begriff „Naturdenkmal" („Monument de la nature") benutzte, setzte den Ansatz von Werner in die Praxis um und verglich die ihm bekannten und von ihm bereisten geologischen Regionen der Erde. Er schrieb 1823 in seinem Werk „Essai géognostique sur le gisement des roches dans les deux hémisphères" (Geognostischer Versuch über die Lagerung der Gebirgsarten in beiden Erdhälften): *„Ein kleiner Teil des Erdballs, ein Gebiet von nur einigen Quadratmeilen, in dem die Natur viele Formationen vereinigt hat, kann – wie ein wahrer Mikrokosmos der alten Philosophen – im Geiste eines guten Beobachters sehr genaue Vorstellungen über die fundamentalen Wahrheiten der Geognosie entstehen lassen."*

Die „geologischen Quadratmeilen" im Sinne von Werner bzw. Humboldt umfassten somit den mitteldeutschen Raum zwischen Harz, Thüringer Becken und Erzgebirge – das Kerngebiet der Region, die der Geologe Johannes Weigelt (1890–1948) später als „Mitteldeutsche Hauptscholle" bezeichnete. Die seinerzeit übliche Preußische Meile hatte übrigens eine Länge von ca. 7,5 km. Der Harz war somit zu diesem Zeitpunkt definitiv nicht gemeint.

Es war offenbar wiederum Humboldt, der den Gedanken später auf den Harz fokussierte. Der im 19. Jahrhundert bekannte Schriftsteller und Reisende Friedrich von Bodenstedt (1819–1892) berichtete aus einer Gesprächsrunde, in der Humboldt in den 1840er Jahren den Satz geprägt habe: *„Goslar ist der Mittelpunkt der klassischen geologischen Quadratmeile“* (GRIEP 1993).

Eine wichtige Rolle bei der weiteren Popularisierung des Begriffs spielten die geologischen Übersichtskarten des Harzes, u. a. die 1881 erschienene „Lossen-Karte“ oder die „Ohrenkarte“ von DAHLGRÜN (1933), welche die damals schon auf die Harzregion reduzierten „Quadratmeilen“ in anschaulicher Form darstellten. Später waren es einige beliebte und weit verbreitete Schriften von Friedrich Behme und Kurt Mohr, die diese Rolle übernahmen.

Der Geopark Harz . Braunschweiger Land . Ostfalen

Das Gebiet der Klassischen Geologischen Quadratmeile ist Teil des 2002 gegründeten größten deutschen Geoparks – des Geoparks Harz . Braunschweiger Land . Ostfalen. 2015 erhielt der Park – gemeinsam mit fünf anderen – die Anerkennung als UNESCO Global Geopark.

Geoparks sind keine Schutzgebiete, sondern Prädikate wie z. B. die Auszeichnung der Städte Goslar und Quedlinburg als UNESCO-Weltkulturerbe – und sie sind auch Modellregionen für die nachhaltige Regionalentwicklung. Hier können nicht nur Geotope besucht und erlebt werden. Darüber hinaus bieten Geoparks Informationen zu Pflanzen- und Tierwelt, Geschichte, Kunst, Kultur und Tourismus.

Geotop: geologischer Aufschluss bzw. sonstige geologisch bemerkenswerte Lokalität

Die über 3.500 Jahre alte Bergbaugeschichte (MONNA et al. 2000) des Geoparks ist in 14 Besucherbergwerken auch unter Tage zu erleben – fünf Schauhöhlen kommen hinzu. Insgesamt gibt der Geopark Harz . Braunschweiger Land . Ostfalen auf vergleichsweise kleinem Raum einen Überblick über die wechselhafte regionale Erdgeschichte der vergangenen halben Milliarde Jahre – ein Grund, warum der Geopark heute gern die abgewandelte Formulierung „Die klassischen Quadratmeilen der Geologie“ nutzt.

Stratigraphie: zeitliche Bildungsfolge von Gesteinsschichten

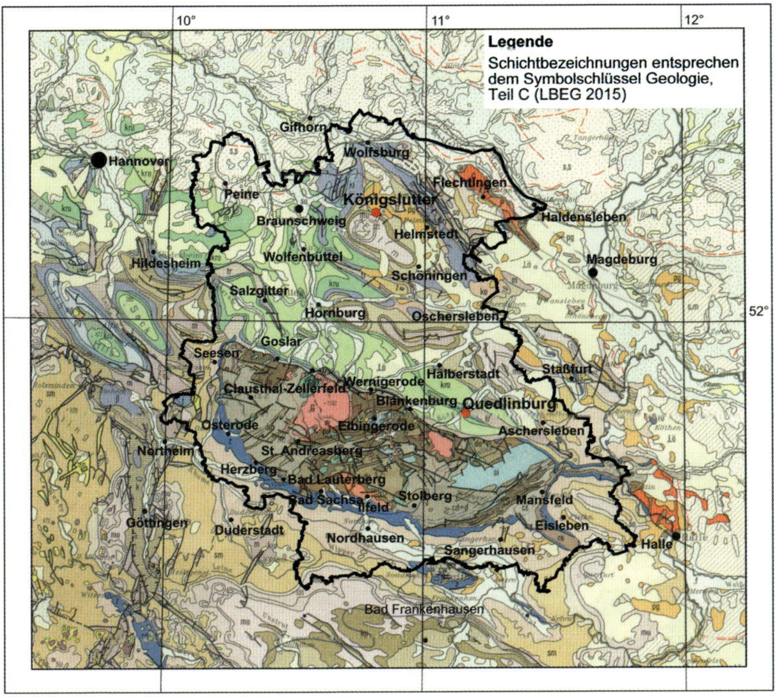

Geologische Übersichtskarte der Region mit Umriss des Geoparks Harz . Braunschweiger Land . Ostfalen. Grafik: Geopark Harz . Braunschweiger Land . Ostfalen

Geopark-Informationszentren befinden sich in den städtischen Museen von Goslar und Salzgitter-Salder. Dort erhalten Sie vielfältige Informationen und ein Besuch lohnt sich – nicht nur im Zuge einer Exkursion – immer. Doch auch an zahlreichen anderen Stellen wird über den Geopark informiert. So werden Sie z. B. im Gelände an zahlreichen Stellen Geopark-Informationstafeln oder bei Geopark-Partnerbetrieben ausliegende Faltblätter finden.

Rheia-Ozean: trennte von Ordovizium bis Unterdevon die Kontinente Laurentia, Baltica und Avalonia bzw. den später aus diesen hervorgegangenen Großkontinent Laurussia im Norden vom Großkontinent Gondwana im Süden

Eine Zeitreise von 500 Millionen Jahren durch neun Meere

In Anlehnung an eine Formulierung von KNAPPE & TRÖGER (1988) kann man eine Zeitreise durch die Entwicklung der Quadratmeile auch als Reise durch die Geschichte von neun Mee-

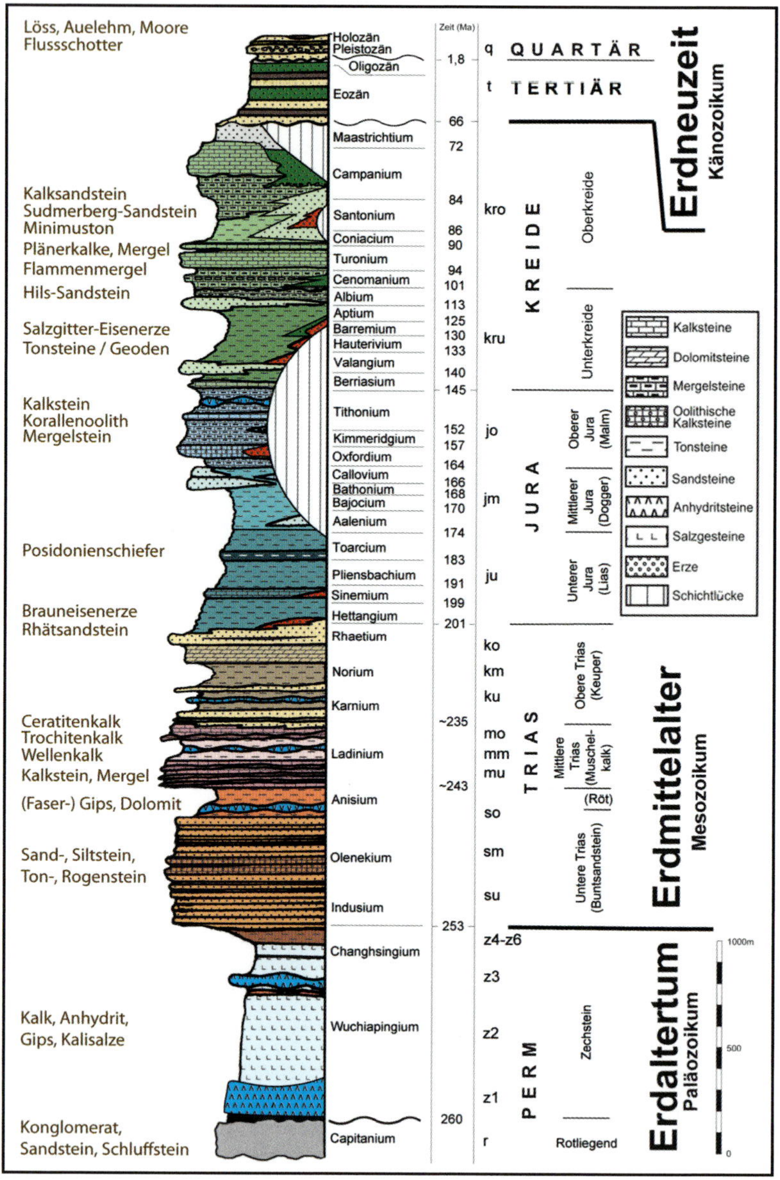

Stratigraphie des Exkursionsgebiets, ergänzt nach FAUPL (2003) und KRÜGER (2006)

ren bezeichnen. Wir haben diesen Gedanken modifiziert aufgegriffen und folgen mit ihm der Darstellung in GEOPARK HARZ . BRAUNSCHWEIGER LAND . OSTFALEN (2009).

Das erste Meer: Der Rheia-Ozean

Der Harz in seiner heutigen Struktur und Form hat eine über 500 Millionen Jahre währende Vorgeschichte. Wir beginnen unsere Zeitreise mit der Bildung des Rheia-Ozeans zwischen dem nördlich gelegenen Kontinent Laurussia und den nördlichen Fragmenten des südlich davon gelegenen großen Gondwana-Kontinents. Bis zu Beginn des Devons vor etwa 400 Millionen Jahren war der Rheia-Ozean plattentektonisch bereits wieder weitgehend subduziert. Zwischen Laurussia und Gondwana verblieb ein Mosaik von Kleinplatten („Terranes"), Meeresbecken und Schwellen. Die Entstehungsgeschichte des Harzes spielte sich am südlichen Kontinentalrand des laurussischen Avalonia in einer schmalen Meeresstraße zwischen Avalonia und gondwanischen Plattenfragmenten ab. Dieses Meeresbecken bezeichnet man auch klassisch als „Variskische Geosynklinale". Hier wurden die meisten der Gesteine des Harzes gebildet, auch diejenigen, die im Süden unseres Exkursionsgebiets anstehen (siehe MÜLLER & FRANZKE 2014).

Am Meeresboden des Rheia-Ozeans flossen im Devon vor 350 Millionen Jahren Diabase als untermeerische Laven aus. Parallel entstanden die Rammelsberger Erze und auch die Eisenerze des heutigen Schaubergwerks Büchenberg bei Elbingerode.

Ein heißes Meer: Zechstein

Mit der Zechstein-Zeit am Ende des Erdaltertums begann eine Periode relativer Stabilität und Ruhe in Mitteleuropa. Auf die kontinentalen mitteleuropäischen Festlandsgebiete drangen periodisch immer wieder Meeresvorstöße von Norden her vor und hinterließen ihre sedimentären Spuren. Zwischenzeitlich wurden festländische Ablagerungen aus Fluss- oder Seen-Landschaften gebildet. Diese Zyklen begannen erstmals in der Zechsteinzeit. Der Kupferschiefer, eine wenige Dezimeter mächtige Lage schwarzer, bitumenreicher und metallhaltiger Tonsteine über dem Zechstein-Konglomerat, ist als unverwechselbarer Horizont im ganzen nördlichen und östlichen Mitteleuropa

Laurussia: Kontinent, der im Silur durch die Kollision von Laurentia und Baltica/Avalonia entstand und sich bis ins Oberkarbon eigenständig entwickelte; auch Old Red-Kontinent

Terran: kleine Erdkrustenplatte, Mikroplatte

Geosynklinale: Großmulde bzw. Senkungsraum der Erdkruste, heute durch Plattentektonik interpretiert

Avalonia: Kleinkontinent am Nordrand von Gondwana, bildet das Fundament des heutigen Norddeutschlands

Subduktion: Abtauchen einer Erdplatte unter eine andere durch Plattentektonik

Konglomerat: Gestein mit durch ein Bindemittel verfestigten rundlichen Bruchstücken

Schluffstein: Gestein aus Sedimentpartikeln mit einem Durchmesser von 0,002–0,063 mm

Plattenkollision und Gebirgsbildung

Als Teil des Variskischen Gebirges hob sich der Harz im Karbon vor 310 Millionen Jahren im Rahmen der plattentektonischen Kollision von Gondwana und Laurussia aus dem Meer. Dabei traten auch ältere Gesteine des Erdaltertums wieder zutage – der Superkontinent Pangäa entstand. Die Gebirgsbildung verfaltete die Gesteine des heutigen Harzes intensiv.

Im Oberkarbon hatten sich die Plattenfragmente der südlichen und nördlichen Kontinente so ineinander verkeilt, dass Subduktion und Plattenkollision ihr Ende fanden. Das aufgestiegene Gebirge und die unter einengendem Stress stehende Kruste begannen, sich allmählich zu entspannen und zu dehnen. Mit der Heraushebung des Gebirges ging nun auch seine Abtragung einher. Kontinentale Gräben und Becken sanken ein und nahmen den Abtragungsschutt des jungen Gebirges in Form von groben Konglomeraten, Sandsteinen und Schluffsteinen auf. Am westlichen Harzrand bei Neuekrug und vor allem am Süd- und Südostrand sind Relikte alter permischer Landoberflächen und auflagernder Gesteine aus Oberkarbon und Rotliegend teilweise aufgeschlossen. Im Oberkarbon herrschten tropisch-feuchte festländische Bedingungen mit üppigem Pflanzenwuchs, sodass sogar Kohleflöze entstehen konnten. Im Verlaufe der Rotliegend-Zeit wurde das Klima immer trockener und führte zu wüstenähnlichen Verhältnissen.

Die sich zunehmend entspannende Kruste, verbunden mit ihrer vorausgegangenen Verdickung, begünstigte die Bildung und Intrusion von magmatischen Schmelzen. Einige blieben in höheren Stockwerken der Kruste etwa in 5 km Tiefe stecken und bildeten Plutone. Beispiele sind der Bad Harzburger Gabbro-Norit-Komplex und der granitische Oker-Pluton. Der Brocken und seine Granitkörper sind Teil einer lakkolithischen Intrusion, die typischerweise nach oben aufgewölbt ist und eine weitgehend flache Unterseite hat. Diese Erkenntnis ergab sich in der Folge von geophysikalischen Öl- und Gasprospektionsarbeiten. Diese Intrusivgesteine sind vor etwa 295 Millionen Jahren, also in der frühen Rotliegendzeit, in die Oberkruste eingedrungen. Manche der Schmelzen stiegen auf Spalten weiter und sogar bis zur Erdoberfläche auf – wir finden sie am Nordostrand des Subherzynen Beckens, in der Flechtingen-Roßlau-Scholle. Im Bereich unseres Exkursionsgebiets lag ein variskisches Hochgebiet, in dem kein Rotliegend-Gestein abgelagert wurde – die „Hunsrück-Oberharz-Schwelle“. Eine ähnliche Schwelle war auch in der Zechstein-Zeit und im frühen Erdmittelalter noch ein wichtiges geographisches Element und von großer Bedeutung für die Sedimentation – die „Eichsfeld-Altmark-Schwelle“.

Intrusion: Eindringprozess von fließfähigem Material, in der Regel Magma, in Gesteinskörper

Pluton: in der Tiefe erstarrter Magmenkörper

nachzuweisen und wurde an vielen Orten als Trägergestein der Metalle abgebaut. Anschließend spielten sich in einem heißen, trockenen Klima bis zu 6 Meeres-Eindampfungszyklen ab, während derer zunächst Kalk bzw. Dolomit, Gips, dann Steinsalz und schließlich Kalisalze in großer Mächtigkeit abgelagert wurden. Steinsalz und vor allem die kostbaren Kalisalze wurden und werden immer noch an vielen Stellen bergmännisch gewonnen.

Ein rotes Meer: Buntsandstein

Als Relikt des Zechstein-Ablagerungsraums verblieb in Norddeutschland zu Beginn des Erdmittelalters vor etwa 250 Millionen Jahren ein flaches Becken, das sich während der Trias-Zeit zum sogenannten „Germanischen“ oder „Mitteleuropäischen Becken“ entwickelte. Der Buntsandstein ist durch rote Sandsteine, feinkörnige Rotsedimente und Kalksteine gekennzeichnet. Unter den letzteren sind Kalkoolithe (Rogenstein) mit Stromatolithen bemerkenswert. Die in Hessen und Süddeutschland in großer Mächtigkeit vorkommenden, für den Buntsandstein namensgebenden roten Sandsteine sind in der Quadratmeile zwar auch vorhanden, jedoch eher unscheinbar entwickelt und nur selten gut aufgeschlossen (z. B. an der Kräuter-August-Höhle im Harly). Ein erneuter Meereseinbruch mit darauffolgenden Eindampfungsphasen führte im Oberen Buntsandstein (Röt) wiederum zur Bildung von mehreren Gips- und einem Salzlager.

Ein blaues Meer: Muschelkalk

Mit dem Einsetzen der Muschelkalkzeit wurde unsere Region wieder von einem warmen Flachmeer eingenommen. Zunächst wurden Kalkmergelsteine mit einer artenarmen Fauna abgelagert, der Wellenkalk. Diese Gesteine sind neben den weißen Plänerkalken der Oberkreide die auffälligsten Ablagerungen, da sie die Hänge der Schichtstufen bilden und in vielen alten Steinbrüchen studiert werden können. Nur dünne und karge Bodenschichten konnten sich dort entwickeln – sie sind heute oft mit einer typischen und schutzwürdigen Halbtrockenrasen-Vegetation bestanden. Vor allem schichtparallele Grabgänge (Rhizokorallien) von krebsartigen Organismen sind in großer Zahl im Wellenkalk zu finden. Drei markante Werksteinbänke unterteilen diese über 100 m mächtige Serie. Dann hinterließ eine erneute Eindampfungsphase typische Evaporitgesteine: weiche, gelbliche dolomitische Mergelsteine mit Einschaltungen von Gipsen und Salzen. Faziell von ganz anderem Charakter sind wiederum die Ablagerungen des Oberen Muschelkalks. Der Trochitenkalk, eine massive Serie von Kalksteinbänken von 10–15 m Mächtigkeit, ist reich an Fossilien, vor allem den namensgebenden Stielgliedern von Seelilien. In den nach oben abschließenden Ceratitenschichten, einer Abfolge von dünnen Kalksteinbänken und Tonlagen, kommen in großer Zahl Cera-

Lakkolith: nach oben aufgewölbter plutonischer Körper mit weitgehend flacher Unterseite

Dolomit(-stein): aus Dolomit, d. h. Calcium-Magnesium-Karbonat $CaMg(CO_3)_2$, bestehendes Gestein

Gips: Mineral $CaSO_4 \times 2\,H_2O$; gesteinsbildend: Gipsgestein

Germanisches Becken: Sedimentationsgebiet in West- und Mitteleuropa, das sich im Perm und in der Trias von England im Westen bis an die Ostgrenze Polens erstreckte; auch Mitteleuropäisches Becken

Oolith: Gestein mit bis etwa erbsengroßen, konzentrisch aufgebauten Kügelchen, entstanden durch chemische Ausfällung aus übersättigten Lösungen

Rogenstein: sandiger Kalkoolith des Unteren Buntsandsteins mit großen Ooiden

Stromatolith: knollige, schalige Kalkausscheidung durch die Photosynthese von Cyanobakterien

Mergel: kalkhaltiges toniges Sediment mit 30–65 % Kalkanteil

Rhizokorallien: fossilisierte, zumeist u-förmige Wohn- bzw. Fressbauten aquatischer Sedimentfresser

Werksteine: für den Bau von Gebäuden geeignete Gesteine

Evaporit: Eindampfungsgestein

Trochiten: fossile Seelilien-Stielglieder

Fossil: versteinert bzw. Versteinerung

Ceratiten: Frühmesozoische Ammoniten

Siltstein: Gestein bestehend aus klastischen Sedimenten mit Korngrößen von 0,0063–0,02 mm

titen, eine Ordnung der Ammonoidea, vor, die in Steinkernen erhalten sind.

Ein buntes Meer: Keuper

Zu Beginn des Keuper-Zeitalters zog sich das Meer zurück, sodass zunehmend festländische Einflüsse zur Geltung kamen. Hier dominieren küstennahe Flussdelta-Ablagerungen. Der Mittelkeuper ist im Germanischen Becken bei wechselndem Klima durch verschiedenfarbige, feinkörnige Rotsedimente (Ton- und Mergelsteine) mit Eindampfungssedimenten (Dolomit, hier auch „Steinmergel“ genannt, und Gips) gekennzeichnet. Zwischengeschaltet sind die feinkörnigen Sandsteine eines Flusssystems. Es erstreckte sich von dem im Nordosten gelegenen Festland, der Osteuropäischen Plattform (Russische Tafel), bis weit nach Süden im Gebiet von Schwaben. Diese Sandsteine werden nach den häufig eingeschlossenen Resten von großen Schachtelhalmen, die früher für Schilf gehalten wurden, als „Schilfsandstein“ bezeichnet. Gegen Ende des Keupers und damit auch der gesamten Trias-Zeit, im Rhaetium, wurde das Klima wieder feuchter und das Meer stieß erneut vor. Die entsprechenden Delta- und Küstensandsteine sind an verschiedenen Stellen aufgeschlossen. In der Quadratmeile stehen die Übergänge vom östlich gelegenen Festland zum noch unter Meerwasser liegenden Niedersächsischen Becken an. Die leicht verkieselten Sandsteine des Rhaetium waren über Jahrhunderte ein begehrter Baustein und wurden beispielsweise im Schloss Liebenburg verbaut, siehe Streifzug 4.

Ein eisenreiches Meer: Jura

Der bereits am Ende der Keuperzeit einsetzende Meeresspiegelanstieg führte im Verlauf der Jurazeit zu einer Verbindung zum „Ur-Mittelmeer“ im Süden und zum Ur-Atlantik im Nordwesten und letztlich zur Herausbildung des Niedersächsischen Beckens. Der Unterjura (= Lias) besitzt an seiner Basis Sand- und Siltsteine, z. T. mit Eisenerzen (Bad Harzburg). Darüber lagern dunkle Ton- und Mergelsteine. Als Muttergestein für das norddeutsche Erdöl und als Fossillagerstätte spielt die Schwarzschiefer-Fazies des Lias eine herausragende Rolle. Die Verbreitung des Mitteljuras (Dogger) ist lückenhaft. Dunkle Tonsteine und Sandsteine treten am Harznordrand auf. Die Kalk-

Halokinese und Salztektonik

Das Becken des Zechstein-Schelfmeers war durch eine Schwelle vom offenen Meer abgetrennt. Meerwasser strömte hier stetig in das Becken und sorgte damit für Salzwassernachschub. Im heißen Klima verdunstete das Meerwasser des Beckens. Kalk begann sich wegen seiner relativ geringen Löslichkeit zuerst abzulagern. Nachfolgend fielen bei weiter zunehmender Konzentration der Restlauge Dolomit, Gips, Steinsalz und schließlich Edelsalze, also K- und Mg-haltige Salze aus oder wurden sekundär gebildet. Nach einem lang anhaltenden völligen Abschluss vom offenen Meer bildeten eingewehte Stäube Salztonlagen. Dieser Ablagerungszyklus ist in der Zechsteinzeit mehrfach erfolgt. Steinsalz besitzt eine geringere Dichte als das überlagernde Gestein. Unter dem Auflagerungsdruck einer Gesteinssäule von ca. 1.000 m reagiert es plastisch, beginnt als zähe Masse zu fließen und sich einen Weg nach oben zu suchen (Halokinese). Auslöser können Brüche sein, deren Schwächezonen dem Salz einen Aufstiegsweg vorgeben.

Daher tendieren Steinsalzlager dazu, im Verlaufe der Erdgeschichte aufzusteigen und „Blasen", Salzstöcke oder Salzsättel zu bilden. Die überlagernden Gesteine werden dabei kuppelartig oder sattelartig aufgewölbt. Solche, durch Salzaufstieg bedingten geologischen Strukturen dominieren die Entwicklung und die heutigen Landschaftsformen im gesamten Norddeutschland.

Wo das Salz abwanderte, senkten sich die überlagernden Schichten ab und es entstanden primäre Randsenken, die sich mit Ablagerungen füllten. In einer zweiten Phase kann der Salzstock bis an die Oberfläche durchbrechen und weitere Absenkungen der Randgebiete verursachen, wobei sekundäre Randsenken entstehen. Der Salzaufstieg begann in der Obertrias (Keuper) und hielt bis ins Tertiär (Eozän/Oligozän) an. Dabei überlagerten die Kreide-Sedimente die bereits aufgestellten älteren Schichten oft diskordant. Eine kräftige Salzaufstiegsphase erfolgte gegen Ende der Kreidezeit, während derer auch die Plänerkalke der frühen Oberkreide steilgestellt wurden. Ältere und jüngere Salzstrukturen können sich dabei komplex überlagern. Der Abbau von Stein- und Kalisalz in der Quadratmeile spielte schon seit über 100 Jahren eine tragende wirtschaftliche Rolle (Harly).

sandsteine des Cornbrash sind ein wichtiges Erdölspeichergestein. Im Oberjura (Malm) trennte eine Landbrücke die Meere, die das heute Nord- und Süddeutschland bedeckten. Im Bereich der Quadratmeile treten Schichtlücken auf, während westwärts eine durchgehende Meeressediment-Abfolge ausgebildet ist. Es handelt sich bei uns vorwiegend um marine Flachwasser-Karbonate des Oxfordiums und Kimmeridgiums (Korallenoolith). Bekannt wurden sie durch die Saurierfunde vom Langenberg bei Goslar-Oker (Streifzug 6).

Osteuropäische Plattform: sedimentbedeckter Teil des Osteuropäischen Kratons (Fennosarmatia, Baltica), nimmt den Großteil Osteuropas ein und entspricht geographisch dem Osteuropäischen Tiefland; auch Russische Tafel

Fazies: Summe der primären lithologischen und paläontologischen Merkmale eines Sediments

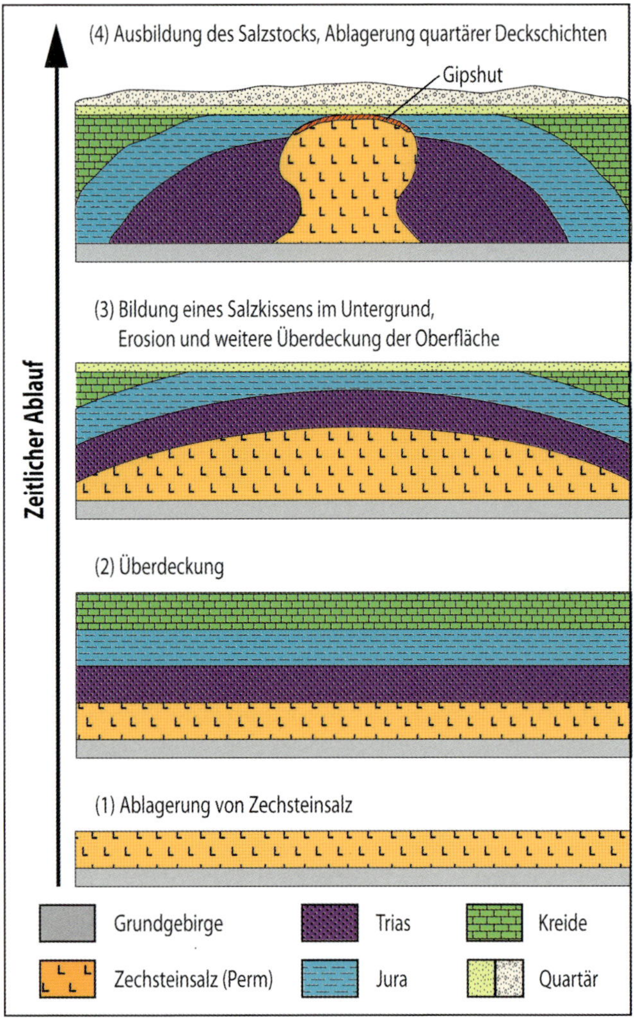

Schematische Darstellung der Entstehung eines Salzstocks

Ein uferreiches Meer: Kreide

Im Zeitraum zwischen Oberem Malm und Unterster Kreide herrschten vornehmlich festländische Bedingungen. Die Salz-

Sedimentäre Fazies

Sedimentgesteine werden häufig einer sogenannten sedimentären Fazies zugeordnet. Hierunter versteht man die Gesamtheit der Eigenschaften des abgelagerten Sediments, die im Wesentlichen durch die Prozesse bei der Sedimentation und der anschließenden Diagenese (u. a. Entwässerung, Drucklösung, Zementation) beeinflusst wurden, welche zur Zeit der Ablagerung am Sedimentationsort geherrscht haben. Eine Benennung der unterschiedlichen sedimentären Fazies wird zumeist nach ihren Bildungsräumen (Milieus) vorgenommen, womit eine Prozessbeschreibung oft implizit enthalten ist.
Zu den Eigenschaften eines Sedimentgesteins und damit seiner Fazies zählen u. a. Schichtungstypen und -strukturen (z. B. Wellenrippel, Schichtdicke, Bankung, Schrägschichtung, Fossilieneinlagerung und Linsenbildung), Korngrößen, Sortierung und Mischungsverhältnisse bzw. Anteile der einzelnen Bestandteile.
Durch die Zuordnung von Sedimentgesteinen zu einer Fazies ist auch ein überregionaler Vergleich möglich, weil somit wesentliche Merkmale des Gesteins und seiner Genese beschrieben sind.

bewegungen im Untergrund wölbten das Deckgebirge lokal auf. Gleichzeitig wurden die aufsteigenden Schichten abgetragen. Während der Unterkreide lag die Quadratmeile im Übergangsbereich zwischen offenem Meer im Norden und der mitteldeutschen Festlandsmasse im Süden. Im Verlauf der frühen Unterkreide rückte das Meer allmählich wieder weiter nach Süden vor. Diese Transgression ist durch einen Geröllhorizont an der Basis der Kreide-Ablagerungen, lokal mit Trümmereisenerzen und feinkörnigen Eisenoolithen, dokumentiert. Die Eisenerze konnten lokal, wie z. B. in der Umgebung des Salzgitter-Sattels, so mächtig werden, dass sie Ziel eines umfangreichen Eisenerzabbaus wurden und die Stahlindustrie im Raum Salzgitter begründeten. Diese küstennahen Bildungen lagern winklig auf älteren Gesteinen, die zuvor durch den beginnenden Aufstieg der Salzstöcke verstellt wurden. Darüber verzahnen sich in Flüssen und Küstenbereichen gebildete Sandsteine (Hils-Sandstein) mit dunklen Ton- und Mergelsteinen. Ein deutlicher Meeresspiegelanstieg führte zu Beginn der Oberkreide zu einer größeren Verbreitung fossilreicher Kalke und Mergel. Die Quadratmeile lag auch in dieser Zeit im Übergangsbereich zwischen einem im Südosten gelegenen Festland und dem offenen Meer im Norden. Gleichzeitig verstärkten sich die Salztektonik und die Aufschiebung des Harzes auf das mesozoische Vorland im Bereich der Quadratmeile.

Diagenese: geologischer Prozess, der zur Verfestigung von Sedimenten führt

Zementation: Verfestigung durch Rekristallisation

Schrägschichtung: geneigte Schichtung von Sedimenten

Genese: Entstehung

Transgression: Vorrücken des Meeres in Landgebiete

Trümmereisenerz: überwiegend aus Brauneisen-Klasten bestehende Eisenerz-Konglomerate, Basis der Stahlindustrie im Raum Salzgitter

Der Harz taucht wieder auf

Mehr als 200 Millionen Jahre lang war das paläozoische Grundgebirge von zeitweise über 2.000 m mächtigen Sedimenten des Mesozoikums bedeckt. Aufstiegsbewegungen von Zechstein-Salzen hatten vor allem in der frühen Kreide Salinarstrukturen mit schmalen, längs gestreckten Aufwölbungen und breiten eingesenkten Salzabwanderungswannen geformt. Die Kontur des heutigen Harzes blieb jedoch noch verborgen. Erst in der späten Oberkreide, vor etwa 87 Millionen Jahren, wurde der heutige Harzblock relativ rasch als Pultscholle emporgehoben. Dabei wurde der gesamte Block des Harzes von etwa 80 km Länge und etwa 30 km Breite durch einen kräftigen Schub von Süden schräg nach Norden aufwärts bewegt. Die größten Schubweiten treten daher am Nordrand des Harzes auf, während an seinem Südrand kaum nennenswerte Störungen zu beobachten sind. Parallel dazu wurde das Subherzyne Becken bis über 2.000 m tief abgesenkt. Hand in Hand mit der Anhebung des Harzblocks wurde das Deckgebirge aus mesozoischen Schichten über den deformierten variskischen Gesteinsserien abgetragen.
In der Sudmerberg-Formation des Mittleren Santonium vor etwa 84 Millionen Jahren tauchen erstmals Gerölle (Lithoklasten) von Harzgesteinen auf – ein Zeichen, dass nunmehr das Paläozoikum des aufsteigenden Harzblocks freigelegt war.
Die Nahtstelle der Heraushebung der Harz-Scholle ist eine markante Bruchzone zwischen Langelsheim im Westen und der Region Meisdorf im Osten. An dieser steil nach Süden geneigten Harznordrand-Störung ist der Harzblock gegenüber seinem Vorland um minimal über 4 km, tatsächlich jedoch um mehr als das Doppelte nach Norden aufwärts bewegt. Über den genauen Betrag dieser Bewegung kann derzeit nur spekuliert werden, da die Mächtigkeit des heute bereits abgetragenen Harzteils nicht bekannt ist. Man geht von über 7 km Relativbewegung aus. Die Gesteine nördlich der Störungszone sind in einem ca. 2 km breiten Streifen von dem Bewegungsvorgang erfasst („geschleppt") und steil gestellt, teils sogar nach Norden überkippt worden. Man bezeichnet diesen Bereich als die Nordharz-Aufrichtungszone. Sie zählt zu den spektakulärsten erdgeschichtlichen Zeugnissen in Norddeutschland und ist das Highlight der Quadratmeile. An verschiedenen Aufschlüssen entlang des nördlichen Harzrandes kann man die Ergebnisse dieses Prozesses beobachten und die Dynamik des Vorgangs erahnen. Die Harznordrand-Störung ist nach ihren Dimensionen sogar eine der bedeutendsten Bruchzonen im außeralpinen Europa und reicht bis in den Erdmantel. Die Ursachen dieser Emporhebung der Harzscholle sind noch wenig verstanden – eine Fernwirkung durch etwa zeitgleich abgelaufene Kollisionsereignisse im süd- und südwesteuropäischen Raum kann angenommen werden.
WREDE (2008) entwickelte ein alternatives Konzept zur Interpretation der Kinematik der Harznordrand-Störung, indem er die Harzhebung als tektonische Folge der Wirkung einer Blattverschiebung deutete.

Pultscholle: tektonische Bruchscholle, die entlang einer Bruchzone einseitig gehoben wurde

Ein flaches Meer: Tertiär

Die Quadratmeile lag während des Alttertiärs im Küstenbereich des sich nordwärts ausdehnenden Meeres. In Salzstock-Randsenken im Nordosten der Quadratmeile wurden eozäne

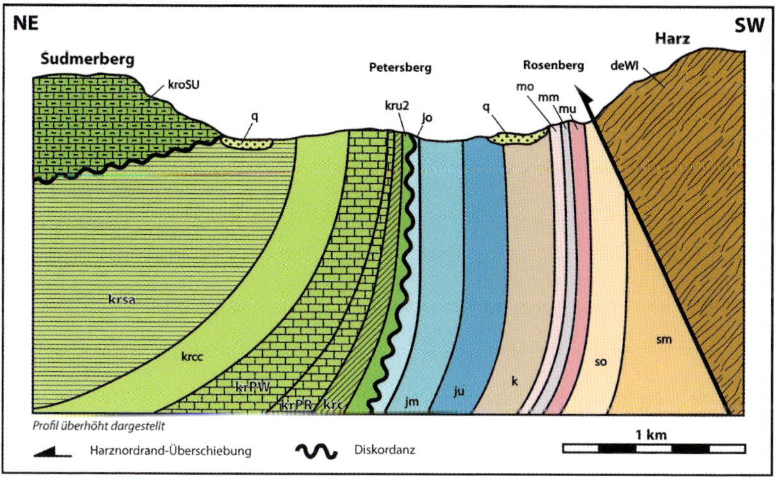

Schnittzeichnung I–J (siehe Abb. S. 4) zwischen Sudmerberg und Harzrand, vereinfacht und verändert nach MOHR (1982), LBEG (2016a) und VOIGT et al. (2004), Legende siehe Abb. S. 135

Festlands-Sande mit Braunkohlen und oligozäne Grünsande mit Meeresfossilien abgelagert. Im Jungtertiär zog sich das Meer in den Nordseeraum zurück. Da man in Karsthohlräumen des Elbingerode-Komplexes marine Ablagerungen des Oligozäns fand, muss die Oberfläche des Harzes vor rund 30 Millionen Jahren noch auf Meeresniveau gelegen haben. Die heutige markante Morphologie des Harzes ist also vor allem das Ergebnis quartärer Erosionswirkung. Im Tertiär lag der norddeutsche Raum immer noch im Bereich feuchtwarmer Klimate. Dies zeigen auch die Braunkohlen in Salzstock-Randsenken. Erst im Jungtertiär wurde das Klima allmählich kühler. Damals dürfte auch die intensive und tiefgründige Verwitterung stattgefunden haben, die man heute vor allem auf den Hochflächen des Harzes und im Oker- und Ilsesteingranit am Südrand der Quadratmeile beobachten kann. Sie erfasst die Gesteine bis in Tiefen von mehr als 10 m und ist vor allem in Gebieten mit anstehenden körnigen Graniten als Wollsackverwitterung zu erkennen. Dabei zerfallen („vergrusen") die Gesteine in ihre einzelnen Komponenten; je nach Intensität bleiben rundliche unverwitterte Blöcke zurück.

Lithoklasten: in Sediment eingebettete, > 2 mm große Fragmente aus verfestigtem Gestein

Grünsand: Sand mit hohem Glaukonit-Anteil

Erosion: Abtragung

Wollsackverwitterung: typisch rundliche Granitverwitterung

Grus: verwittertes Gestein in Form von Sand

Ein gefrorenes Meer: Pleistozän

Aus dem Pleistozän sind im Bereich der Quadratmeile Ablagerungen von Phasen der Elster-Eiszeit (z.B. im Tagebau Schöningen), der Saale-Eiszeit (in der Quadratmeile weit verbreitet) sowie Sedimente und Löss der Weichsel-Eiszeit vorhanden. Der Oberharz wurde nicht von den großen Inlandsgletschern überfahren, sondern besaß in den großen Flusstälern eine eigene Kleinvergletscherung, deren Nährgebiet im Brockenumfeld lag. Die quartären Ablagerungen ließen eine breit angelegte Steine- und Erden-Industrie entstehen. Weiteres hierzu findet sich im Kap. „Jüngste Erdgeschichte – Glaziale Überprägung im Quartär“.

Landschafsformen, Wald und Wasser in der Region

Landschaftsformen

Die Landschaften der Quadratmeile bestehen weitgehend aus Gesteinen des Mesozoikums, das als Deckgebirge von über 2.000 m Mächtigkeit über den alten variskischen Gesteinen liegt. Vor allem die Ablagerungen der Trias (Buntsandstein, Muschelkalk und Keuper, 251–200 Millionen Jahre) prägen mit ihren charakteristischen Schichtstufen, meist über Salzstöcken, das Bild der Landschaft. Kalkstein-Lagen, wie vor allem im Unteren Muschelkalk der Trochitenkalk, aber auch in den jüngeren Einheiten des Malms und der Oberkreide, bilden Härtlinge mit steilen Berghängen und Schichtrippenlandschaften. Dagegen neigen die wenig verwitterungsbeständigen Einschaltungen von Tonsteinen (Oberer Buntsandstein, Mittlerer Muschelkalk, Unter- und Mittelkeuper) oder Salzgesteinen (Oberer Buntsandstein, Mittlerer Muschelkalk) zur Talbildung.

Schichtrippe: über die umgebende Oberfläche hinausragender Schichtkörper aus Sedimentgesteinen mit hoher Erosionsresistenz (ähnlich Schichtköpfe)

Klimawandel: Wandel der Klimaverhältnisse, gab es in der Erdgeschichte häufig, aktuell ist jedoch der menschengemachte Anteil an der globalen Erwärmung ausschlaggebend

Wald

Nach massivem Klimawandel und Rückzug des Eises vor ca. 11.500 Jahren eroberten Wälder fast die gesamte Landfläche – ausgenommen waren nur Wasserflächen, Moore und die waldfreie Brockenkuppe. Die Wälder waren jedoch nicht so zusammengesetzt, wie wir es heute aus dem Harz kennen, sondern es waren vielerorts sumpfige Urwälder, die überwiegend aus Eichen, Ulmen, Linden und Haseln bestanden. Sie beherbergten heute hier ausgestorbene Wildtierarten wie Braunbär, Wolf, Wisent und Nymphenfledermaus, aber auch z.B. Schreiadler und Schwarzstorch. Die wilde europäische Honigbiene entstammt ebenfalls originär diesem Lebensraum.

Von diesem Waldreichtum ist nicht viel geblieben. Im Zuge der Neolithischen Revolution nach dem Ende der letzten Kaltzeiten wurde der *Homo sapiens* sesshaft und begann mit Waldrodungen. Der Flächenanteil des Waldes wurde seitdem zunehmend zugunsten von bewirtschafteten Ackerflächen zurückgedrängt.

Neolithikum: Jungsteinzeit

Erst vor ca. 6.000 Jahren wanderte die Fichte in unser Gebiet ein, vor 5.000 Jahren folgte die Buche, die heute das Bild der noch verbliebenen Waldinseln (z.B. im Hainberg, Harly oder Salzgitter-Höhenzug) dominiert. Auch einige Wälder des nördlichen Harzrands sind hier zu nennen.

Der Harz hat eine andere Waldgeschichte. Auch hier breitete sich zunächst die Buche aus und verdrängte die ursprünglichen Baumarten des Urwalds. Vor 2.000 Jahren beherrschte sie das Bild – nur in den höchsten Lagen ab 800 m dominierte die Fichte. Karl der Große erklärte den Harz um 780 zum Reichsbannwald. Der Sachsenspiegel, das älteste deutsche Rechtsbuch, um 1220/1235 verfasst, schrieb den Reichsbann später fest: Wer durch den Harzwald ritt, hatte Bogen und Armbrust zu entspannen und die Hunde anzuleinen – nur gekrönte Häupter durften hier jagen. Eike von Repkows Sachsenspiegel, nach dem über Jahrhunderte deutsches Recht gesprochen wurde, bezeichnet den Harz als Stätte, „*wo den wilden Tieren Schutz in des Königs Bannforsten gewährt wird*". Ewig hielt dieser Bann allerdings nicht. Bergbau, Hüttenindustrie, Wasserwirtschaft, zunehmende Besiedlung, Rodungen, Vieheintrieb, Landwirtschaft und später der Fremdenverkehr untergruben den kaiserlichen Schatz. Weite Buchenwaldgebiete fielen dem Bergbau zum Opfer. Insbesondere die Köhlerei verschlang große Holzmengen, aber auch Bauholz wurde über und unter Tage benötigt. Der ständig zunehmende Holzbedarf der Gruben und Hütten führte zur Übernutzung der Wälder und ab ca. 1700 zur regelrechten Waldzerstörung. Weit über 30.000 Meilerplätze gab es im Harz und im Gebiet der Quadratmeile.

Ohne Holzkohle wären Bergbau und Hüttenwesen zum Erliegen gekommen. Der große Holzbedarf zwang daher zur Suche nach neuen Lösungen. Der Forstmann Johann Georg von Langen (1699–1776) führte die nachhaltige Forstwirtschaft auch

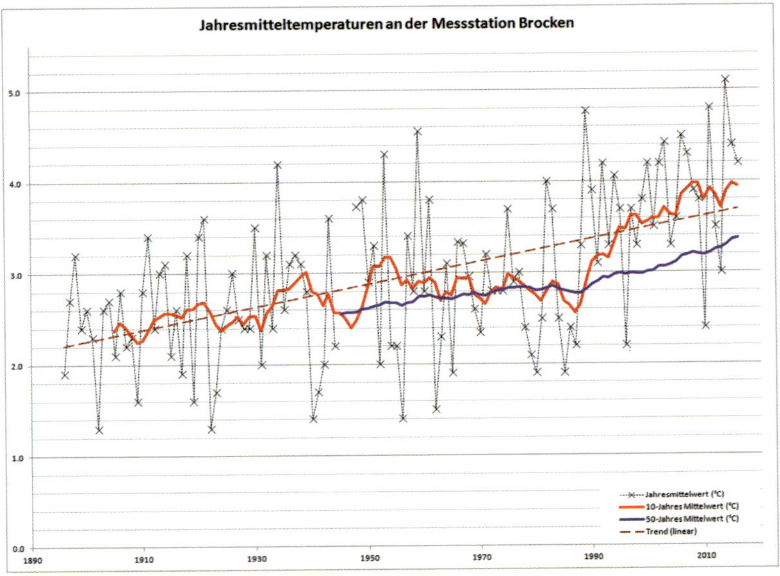

Veränderung der mittleren Jahrestemperaturen an der Messstation Brocken (Daten nach Deutscher Wetterdienst 2016)

im Harz ein. Massive Fichtenanpflanzungen wurden vorgenommen. Diese Harzer Fichtenwirtschaft konnte zwar die Bedürfnisse des Bergbaus befriedigen, legte aber mit ihren Monokulturen auch die Grundlage für die heutigen ökologischen Probleme der Harzer Wälder. Viele der Harzer Wirtschaftsforstämter und auch der Nationalpark Harz bemühen sich gleichermaßen, diese Monokulturen wieder zu Mischwäldern umzustrukturieren, wobei der Nationalpark als Großschutzgebiet dabei der natürlichen Dynamik die Priorität gibt – hier entwickeln sich Wildniswälder.

Die Wälder befinden sich heute wieder in einer Zeit des Klimawandels – auf dem Brocken ist es im Verlauf der letzten 125 Jahre im Jahresmittel bereits ca. 2 °C wärmer geworden (s. Grafik oben). Die Folgen dieses jüngsten, vom Menschen verursachten Klimawandels wie Orkane, Sommertrockenheit und der Borkenkäfer machen dem Wald, insbesondere der Fichte, zu schaffen. Auch der Harztourismus wird sich umstellen müssen, denn die

Winter werden immer wärmer und unberechenbarer und der Wintersport verliert an Bedeutung.

Trotz oder teilweise auch wegen der Eingriffe des Menschen besitzen die Wälder und auch viele andere Lebensräume der Quadratmeile – einmal abgesehen von den ausgeräumten Ackerlandschaften – eine vergleichsweise hohe Biodiversität. Hierauf wird an einschlägigen Stellen im Text detaillierter eingegangen.

Biodiversität: biologische Vielfalt

Wasser

Moore, Quellen, Fließgewässer, künstliche Klärteiche und Stauseen – die Erscheinungsformen des Wassers in der Quadratmeile sind vielfältig. Bis auf die Innerste hängen alle großen Flüsse mit Quellen im Brockengebiet zusammen, dem niederschlagsreichsten Punkt der Region. 600 mm Jahresniederschlag am Harzrand gegenüber mehr als 1.800 mm auf der Brockenkuppe – das ist ein für Norddeutschland ungewöhnlicher Niederschlagsgradient.

Regen, Schnee und Eis haben den Brocken und alle anderen Harzberge und -täler geformt. Er markiert die Wasserscheide zwischen Weser und Elbe. Westwärts zur Weser fließt das Harzwasser von Innerste, Oker und Rhume, ostwärts zur Elbe fließen Bode und Helme. So hängt die Quadratmeile wortwörtlich „am Tropf" des Harzwassers.

Blick über das Große Torfhausmoor zum Brocken. Foto: Reiner Cornelius

Auch der Innerstekarst im Bereich der Quadratmeile, die Harzer Tropfsteinhöhlen und der Südharzer Sulfatkarst hätten sich nicht entwickeln können, wenn nicht weiches, lösungsaggressives Harzwasser dort, wo es auf lösliche Gesteine wie Anhydrit, Gips, Dolomit und Kalk trifft, Karsthohlräume gebildet hätte. In diesen können Flüsse ganz oder teilweise versinken, wie Sieber und Oder am Südharzrand und auch die Innerste nördlich Langelsheim. In Karstquellen wie Rhumequelle, Salzaspring, Wallmodener Springquellen und Kirschensoog tritt das Wasser wieder zu Tage.

Aber nicht nur quantitativ ist das Wasser im Bereich der Quadratmeile von Bedeutung. Es ist darüber hinaus die Wasserqualität, die eine Chance und ein Problem zugleich darstellt. Der Harz ist eine Regenbarriere – so fängt er nicht nur den Niederschlag, sondern auch seine Schadstoffe gleich mit ab. Saure Niederschläge, Stickoxide, Schwermetalle und andere Problemstoffe kommen so in die Lebensräume und addieren sich zu den bergbaulichen Belastungen, welche die aquatischen Ökosysteme im Harz ohnehin schon tragen müssen.

Streifzüge zu Zeugnissen der Erdgeschichte

Die Geodiversität der Quadratmeile wird in ausgewählter Form in sieben Routen vorgestellt. Routenkarten erleichtern die Orientierung, daher konnte auf die Beschreibung detaillierter Routenverläufe im Text verzichtet werden. Die Koordinaten aller Geopunkte sind im Anhang aufgelistet.

Geodiversität: geologische Vielfalt

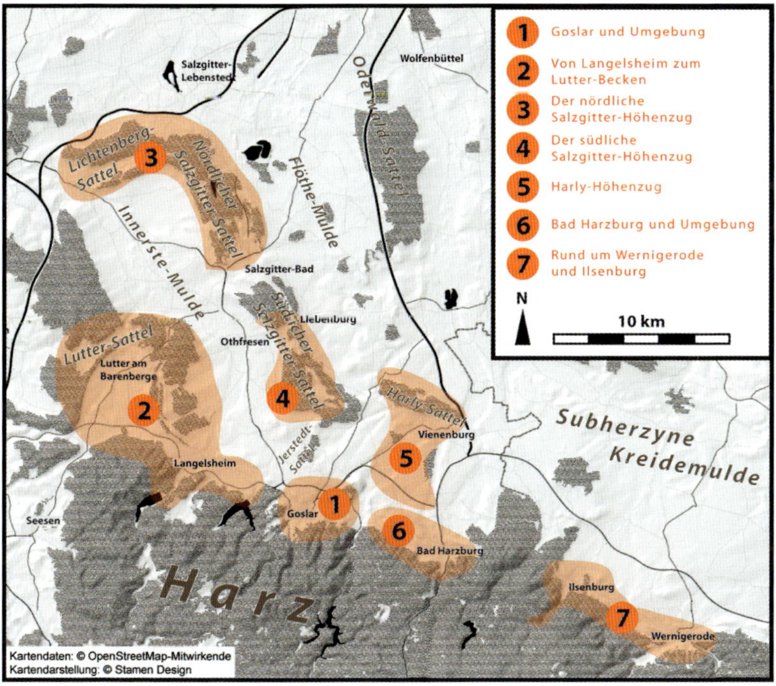

Übersicht zu den Routen im Exkursionsgebiet

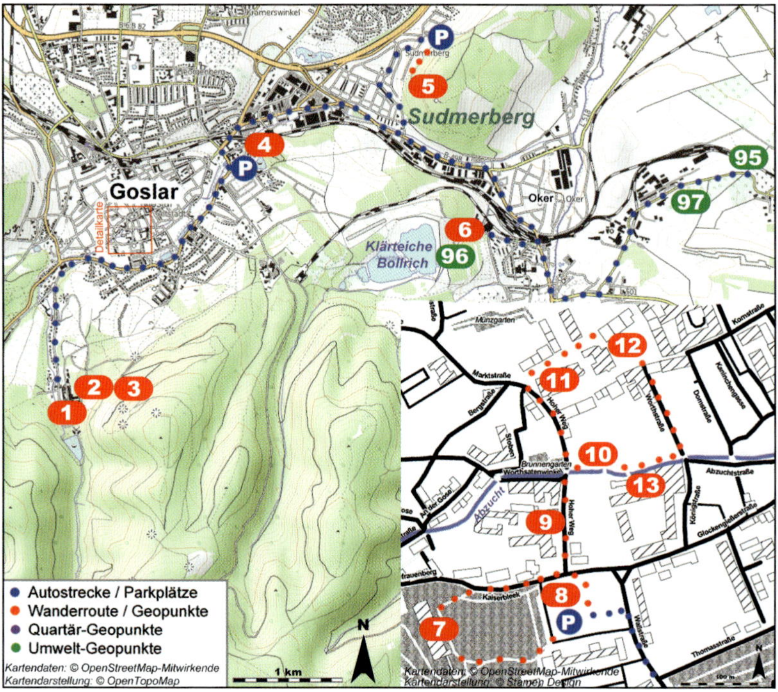

Routenkarte Streifzug 1

Streifzug 1: Das Herz der Quadratmeile – Goslar und Umgebung

synsedimentär: bezogen auf während der Sedimentation ablaufende Vorgänge

Wir starten am **Besucherbergwerk Rammelsberg** (1), das heute mit der Altstadt von Goslar und der historischen Oberharzer Wasserwirtschaft Teil des UNESCO-Welterbes ist.

Exhalation, exhalativ: Ausströmung vulkanischer Gase und Dämpfe

SedEx: kurz für „sedimentär-exhalativ"

In der Erzlagerstätte Rammelsberg geht seit mindestens der Bronzezeit der Bergbau um. Sie ist eine der berühmtesten Lagerstätten Europas und hat als bedeutendstes Buntmetallvorkommen Deutschlands immer wieder Geologen aus aller Welt angezogen. Es handelt sich um eine synsedimentär-exhalativ entstandene Lagerstätte (sogenannter SedEx-Typ), die konkordant in den Wissenbach-Schiefern des Unteren Mittel-

Übertageanlagen der Erzaufbereitung am Nordwesthang des Rammelsbergs

devon (tiefes Eifel, 290 Ma) eingebettet ist und wohl tektonisch in zwei Linsen zerschert wurde (Altes und Neues Lager). Das Erz weist hohe Metallgehalte und ein breites Spektrum verschiedener Metalle auf – vorwiegend Blei, Zink und Kupfer. Silber war mit 75 g/t und Gold mit knapp 1 g/t vertreten. Daneben brachen verwertbare Seltenmetalle und Schwerspat bei. Die Erzgenese dürfte auf Zerrspalten zurückzuführen sein, die sich an der Grenze zwischen dem Goslar-Trog im Westen und der Okertal-Schwelle im Osten bildeten, aus denen metallhaltige Lösungen auf dem Grund des Mitteldevonmeers hydrothermal austraten.

Ma: Millionen Jahre

Schwerspat: Bariumsulfat, Baryt, $BaSO_4$

Typisch für das Erz ist seine extrem feinkörnige Struktur, in der die Mineralkomponenten makroskopisch kaum erkennbar miteinander verwachsen sind. Sie stellte bis zur Einführung des Flotationsverfahrens ein großes Problem für die Erzaufbereitung dar.

Rammelsberg-Erz (ca. 1,20 m hoch) im Goslarer Stadtbild

Tektonisch gesehen liegen die Erzkörper im Kern einer überkippten Mulde, deren inverser Flügel den Westhang des Rammelsbergs aufbaut. Während der Bergfuß von mitteldevonischem Wissenbach-Schiefer gebildet wird, besteht die Kuppe aus unterdevonischem Kahleberg-Sandstein. Von den beiden Haupt-Lagerstättenteilen strich das Alte Lager am Berghang zu Tage und setzte bei

Unter Tage im Rammelsberg im Bereich des Tagesförderstollens

Tagesförderstollen: horizontaler bergmännischer Zugang einer Grube von der Tagesoberfläche aus, dient i. d. R. dem Erz-, Material- und Personentransport (auch Tagesförderstrecke)

Ort: bergmännischer Ausdruck für eine Lagebezeichnung im Bergwerk

Vitriol: sekundär ausgeschiedene Metallsalze, am bekanntesten das blaue Kupfervitriol im Rammelsberg

Goslarit: Zinkvitriol, nach der Stadt Goslar benannt

Melanterit: Eisenvitriol

einer Mächtigkeit von bis zu 15 m etwa 400 m weit in den Berg hinein. Das Neue Lager setzte etwa 30 m unter der Erdoberfläche ein und reichte bis zur 12. Sohle der Grube (= 600 m unter Tage). Das Neue Lager wurde 1859 entdeckt, als man angesichts drohender Erschöpfung des Alten Lagers das 1749 aufgegebene Schurfer Suchort wieder aufnahm und nach 10 m Vortrieb fündig wurde.

Der Lagerstätteninhalt dürfte ca. 25 Mt Roherz betragen haben; die jährliche Förderung lag zuletzt bei ca. 270.000 t. Da trotz umfangreicher Prospektionsarbeiten keine weiteren Vorräte gefunden wurden, musste die Grube 1988 schließen.

Das historische Kernstück des untertägigen Führungswegs bildet das Wasserkraftsystem des Roeder-Stollens, das in seinen wesentlichen Teilen aus dem 18. Jahrhundert stammt. Das Wasser des Herzberger Teichs wurde horizontal in den Berg geführt und lieferte bei Ausnutzung mehrerer Gefällestufen mithilfe hölzerner Wasserräder die Antriebskraft zum Betrieb der Wasserpumpen und Schachtförderanlagen. Das Wasser kam dann durch den Ratstiefsten Stollen, einen im 12. Jahrhundert angelegten, rund 1 km langen Wasserlösungsstollen, wieder zutage. Sehenswert sind die farbigen Vitriolbildungen, die sich aus dem metallhaltigen Grubenwasser abschieden: Blaugrünes Kupfervitriol, weißes Zinkvitriol (Goslarit, benannt nach der Stadt Goslar), rötliches Eisenvitriol (Melanterit) sowie schwarz-braune Manganminerale. Die giftigen Metallsalze sind

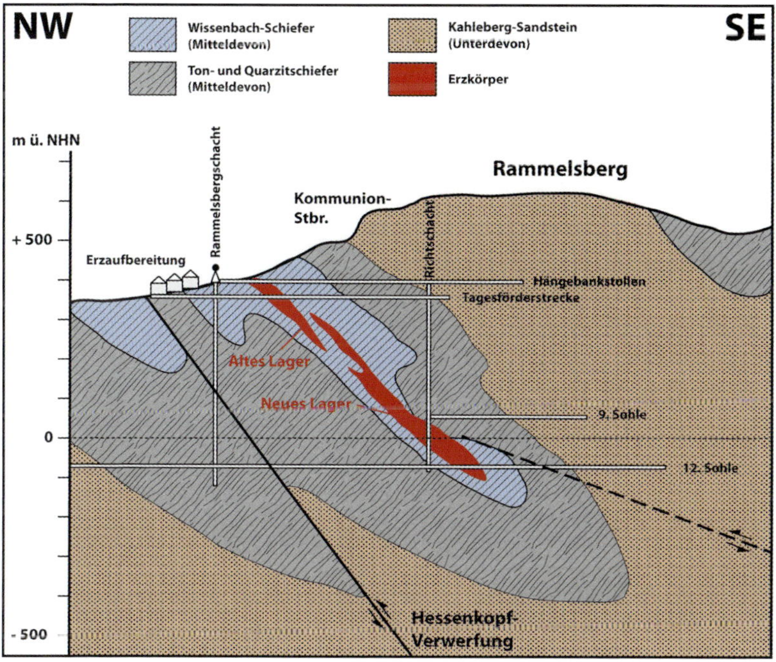

Lagerungsverhältnisse des Rammelsbergs nach MÜLLER (2008) und HINZE et al. (2006)

der Grund, warum das saure Grubenwasser nicht in den Vorfluter fließt, sondern gesammelt und am nahe gelegenen Bollrich zentral gereinigt wird.

Rammelsberger Kupfervitriole. Foto: Stephan Kempe

Am Mundloch des Roeder-Stollens steigen wir bergan. Linkerhand steht der Förderturm des Rammelsbergschachts, der in den 1930er Jahren abgeteuft wurde und dann Hauptförderschacht der Grube Rammelsberg war. Im imposanten **Steinbruch Schiefermühle** (2) wurde das Versatzmaterial gewonnen – es wurde in die Grube gestürzt und dort, vermischt mit Zement, als Bergversatz in ausgeerzte Hohlräume eingebracht. Der Steinbruch schließt den Kern der Lagermulde auf, ist aber nicht öffentlich

Schwermetallhaltige Blöße nahe des Ausbisses des Alten Lagers am Maltermeister Turm

zugänglich, denn er dient als Abfalldeponie. Beachtenswert ist die bräunliche, chaotisch gelagerte Gesteinsmasse, die am rechten (östlichen) Abbaustoß aufgeschlossen ist – es sind die zu Bruch gegangenen bzw. versetzten Abbaue im Alten Lager, das hier ausbiss und wo der Bergbau in der Bronzezeit seinen Anfang nahm. Seit 2001 untersuchen Montanarchäologen diese für Mitteleuropa einzigartige Ausgrabungsstätte mit sehr guter Funderhaltung, siehe www.harzarchaeologie.de.

Kleine historische Haldenschüttungen begleiten uns bergauf. Wir erreichen eine auffallende Verebnungsfläche, auf der in der Blütezeit des Bergbaus zahlreiche Schachtanlagen standen. Die Erzgewinnung wurde erst um 1800 in den Bereich des heute zu besichtigenden modernen Bergwerks verlegt, als die Tagesförderstrecke von der Talsohle zu den Schächten vorgetrieben war. Von den Tagesgebäuden sind nur noch Anlagen des Winkler Wetterschachts erhalten, der bis zur Inbetriebnahme eines neuen, links vom Weg erkennbaren Schachts in den 1960er Jahren Hauptwetterschacht war. Der **Maltermeister Turm** (3), nach dem die gleichnamige Gaststätte benannt ist, stammt aus dem 14. Jahrhundert und ist das letzte verbliebene Bauwerk des mittelalterlichen Bergwerks und auch das älteste Montandenkmal der Quadratmeile. Er war Anläuteturm der Gruben und später Sitz des für die Holzzuteilung an die Bergwerke zuständigen „Maltermeisters". Die Anläuteglocke befindet sich im Goslarer Museum.

Strecke: Stollenbau ohne Mundlöcher, d. h. horizontal zugängliche Tagesöffnungen

Panoramablick vom Maltermeister Turm über Goslar

Die verbliebenen Zeugen des Rammelsberger Bergbaus, der bereits vor über 3.500 Jahren begann, stellen ein einmaliges Ensemble der Technik- und Kulturgeschichte dar. Es wird seit 1992 gemeinsam mit der historischen Altstadt von Goslar als UNESCO-Weltkulturerbe bewahrt. 2006 wurde der Rammelsberg in die Liste der Nationalen Geotope aufgenommen.

Gegenüber des Parkplatzes Maltermeister Turm steht in der Böschung ein Vorkommen von Kniest an – ein durch Mineralumlagerungen und Verkieselung gebildetes Armerz, vielleicht die älteste Rammelsberger Erzbildung. Mit bloßem Auge sind in erster Linie Pyritkonkretionen und weiße Sekundärminerale zu erkennen, vorwiegend Goslarit, Melanterit und Hydrozinkit.

Pyrit: Schwefelkies, FeS_2

Sekundärminerale: durch Umwandlung aus anderen (primären) Materialien entstandene Minerale

Hydrozinkit: Zinkblüte, sekundäres Zinkmineral

Nordöstlich des Osterfelds in Goslar befindet sich an einer kleinen Wiesenfläche hinter den Häusern der Straße Petersberg mit dem **Klusfelsen** (4) die nächste Station – eine Klippe aus schwärzlich verwittertem Hils-Sandstein inmitten der Nordharz-Aufrichtungszone, der aufgrund sekundärer Verkieselung der Verwitterung größeren Widerstand entgegensetzte. Diese in der Nordharzrand-Flexur häufig auftretende Verkieselung (vgl. Teufelsmauer) ist wohl auf die Diagenese der Oberkreidefüllung und die kompressive Tektonik im Bereich des Nordharz-Schollenrands zurückzuführen – so kam es zum Austrieb der Formationswässer der kretazischen Sedimente. Die Kluftsysteme des Gesteins fielen schon Goethe während seiner 3. Harzreise 1784 auf. Ein vergitterter unterirdischer Raum diente als Keller. Bedeutsamer ist eine kleine Felskapelle auf halber Höhe des Klusfelsens, die möglicherweise schon aus dem 12. Jahrhundert stammt und um 1800 in einen Landschaftsgarten einbezogen wurde. Der Ursprung dieses heiligen Orts ist jedoch sicherlich älter und möglicherweise vorgeschichtlich.

Fallen, Einfallen: Neigung der geologischen Fläche gegen die Fläche der Horizontalebene

Der Klusfelsen in Goslar

Harznordrand-Störung

Die Harznordrand-Störung ist eine große tektonische Bruchzone, die schon im Paläozoikum angelegt und später reaktiviert wurde. Südlich davon stehen die 270–400 Ma alten paläozoischen Gesteine des Harzes an. Dies sind bei Bad Harzburg vor allem kontaktmetamorphe gefaltete Grauwacken- und Tonschiefer-Hornfelse mit Granit- und Gabbrointrusionen. Nördlich der Bruchzone bilden jüngere mesozoische und quartäre Schichten von Trias, Jura und Kreide bis hin zu Flussschottern aus den letzten Jahrzehntausenden den Untergrund.
Entlang der Überschiebung sind die Harzgesteine durch tektonische Vorgänge nach derzeitigem Kenntnisstand relativ gesehen wohl um mehr als 7.000 m emporgehoben worden. Sie haben die mesozoische Gesteinsfolge so weit mitgeschleppt und dabei aufgerichtet, dass die ursprünglich horizontal abgelagerten Schichten steil aufgerichtet bzw. sogar überkippt wurden und nun nach Süden einfallen, ca. 40–55° im Bereich Bad Harzburg. So kommt es, dass an der Überschiebung paläozoische Harzgesteine die mesozoischen Gesteine des Harzvorlands überlagern.

Hornfels: sprödes, feinkörniges, kontaktmetamorphes Gestein

Kontaktmetamorphose: Gesteinsveränderung durch die Hitzeeinwirkung abkühlender Gesteinsschmelzen

Nördlich des Abzuchttals erhebt sich der bewaldete Sudmerberg mit seinen charakteristischen Funkanlagen und einem historischen Wachtturm der Goslarer Stadtbefestigung mit guter Fernsicht. Der Berg wird von flach lagernden, nur leicht schüsselförmig durchgebogenen Schichten des Oberen Mittel-Santoniums (Oberkreide) gebildet, die hier diskordant auf Ablagerungen des Unteren Mittel-Santoniums liegen, die durch die Harzhebung steilgestellt wurden. Ursache waren die im westlichen Teilbecken der Subherzynen Mulde stattgefundenen letzten bedeutenden Bewegungen an der Harznordrand-Störung –

soweit sie sich auf die Überkippung der Vorlandschichten auswirkten – an der Wende Mittel-/Ober-Santonium. Lithoklasten von Harzgestein belegen, dass das Paläozoikum des Harzes im Santonium freigelegt war. In den **Steinbrüchen am Sudmerberg** (5) wurden drei als Werkstein verwendbare Konglomeratbänke abgebaut, die über 500 Jahre lang in vielen Bauwerken der Region Goslar Verwendung fanden. Die hier erkennbare Wechselfolge harter Kalksandsteine und weicherer, mergeliger Gesteine der Sudmerberg-Formation stellt deren Typus-Profil dar.

Liegendes/Hangendes: tiefere (i. d. R. ältere) und höhere (i. d. R. jüngere) Gesteinspakete im Bezug zu einem Gesteinshorizont

Sudmerberg-Formation und Sudmerberg-Kalksandstein

Die Sudmerberg-Formation der westlichen Subherzynen Kreidemulde am Harznordrand entstand in der Oberkreide und ist etwa 85 Ma alt. Sie reicht zeitlich vom Unteren Mittel- bis zum Mittleren Ober-Santonium und wird im Exkursionsgebiet im Liegenden von der Emscher- und im Hangenden von der Ilsenburg-Formation winkeldiskordant begrenzt. Am Sudmerberg, dem namensgebenden Typus- und Referenzprofil, beträgt die Schichtmächtigkeit 150 m. Im Ausstreichen der Formation rund um den Berg angeordnete Steinbrüche lieferten den Rohstoff für den als Baustein häufig eingesetzten Sudmerberg-Kalksandstein.

Der gelbbraune Sudmerberg-Kalksandstein ist grobsandig bis feinkiesig, kalkig gebunden und besitzt eine Porosität von ca. 10–15 %. Diese kann durch nachträgliche Rekristallisationen allerdings auch deutlich geringer sein. Der Kalksandstein ist aus rd. 80 % Karbonaten und 20 % Quarz zusammengesetzt und meist reich an Fossilien. Aufgrund seiner Zusammensetzung ist der Sudmerberg-Kalkstein frostbeständig und sehr gut für den Hochbau geeignet. Soweit mit Naturstein gebaut wurde, war er vom 16. bis ins 19. Jahrhundert der meist verwendete Baustein in der Goslarer Altstadt.

Lithologisch wird die Sudmerberg-Formation aus Wechsellagerungen von sandigen Mergelhorizonten, Konglomerathorizonten und zwei Sandstein-Mergel-Wechsellagerungen mit bis zu 10 m mächtigen Sandsteinhorizonten gebildet. Die Sandsteine bestehen zumeist aus gut sortierten Quarzkörnern mit unterschiedlich starker Zumischung von karbonatischen Bioklasten, im südlichen Verbreitungsgebiet auch von Lithoklasten (Kalk- und Sandsteine, Toneisensteine). In den Mergeln kann eine starke Bioturbation beobachtet werden.

Der zeitliche Beginn der Ablagerung der Schichten fällt mit einer Transgression im Mittleren Santonium zusammen. Die dadurch geschaffenen Umweltbedingungen hielten während des gesamten Bildungszeitraums der Formation an, wie aus der gleich bleibenden Fazies ersichtlich ist. Dabei wechselten sich energiereiche litorale Sedimente mit Schelfsedimenten ab. Letztere entstanden unter weniger energiereichen Bedingungen und einer höheren Wasserbedeckung.

In der Sudmerberg-Formation kommen häufig fossile Belemniten („Donnerkeile“) und Kieselschwämme, seltener Echiniden, Bivalven, Ammoniten, Ostrakoden, Bryozoen und Foraminiferen vor.

Emscher-Formation: lithostratigraphische Einheit aus überwiegend Tonmergelsteinen, untergeordnet auch Kalkmergel- und Mergelkalksteinen des Zeitraums Coniacium/Santonium/Untercampanium

Steinbruchgelände am Sudmerberg

Typusprofil/Typlokalität: Ort, an dem ein Gestein, Mineral oder eine Schichtfolge erstmalig beschrieben wurde

Streichen: Richtung einer (gedachten) Horizontalen (gegen magnetisch Nord) auf einer geneigten Fläche, also deren „Verlauf"

Rekristallisation: Reorganisation von Mineralen zu Aggregaten, häufig verursacht durch Temperaturerhöhung bzw. Druck

Im teilweise geklüfteten Gestein fallen lang gestreckte oder gekrümmte Wurm-Grabbauten auf. Ihre Querschnitte sind nicht mehr rund, sondern diagenetisch bzw. in unmittelbarer Nähe der Harznordrand-Störung auch tektonisch bedingt elliptisch verformt. Einige Klüfte, die durch Verkarstung aufgeweitet wurden, weisen tropfsteinartige Kalksinterbeläge auf. Hier und am Osthang des Sudmerbergs konnten aus Spaltenfüllungen eiszeitliche Faunen geborgen werden.

Im Zentrum des Metallhüttenorts Oker, heute ein Stadtteil von Goslar, wurden bereits seit langer Zeit Rammelsberger Erze verschmolzen. Die Buntmetallverhüttung im heutigen Gebiet Oker-Harlingerode geht bereits auf das Mittelalter zurück. 1527 wurde hier die Frau-Marien-Saigerhütte gegründet. Dieser Hüttenkomplex wurde nach und nach erweitert und ausgebaut, schwerpunktmäßig in den späten 1930er Jahren im Zuge der NS-Aufrüstung („Rammelsberg-Projekt") und nach dem 2. Weltkrieg. Nach dem Ende der Erzförderung im Rammelsberg ist das Primärhüttenwesen erloschen – doch moderne Recyclingbetriebe haben sich im Bereich der Altstandorte gehalten. Zusätzlich befinden sich hier Betriebe der chemischen Industrie.
In Oker finden wir einen als Naturdenkmal geschützten Aufschluss der sogenannten **„Neokom-Transgression"** (6). Die

veraltete Stufenbezeichnung „Neokom“ steht für die Zeit des Hauteriviums/Barremiums (untere Unterkreide) und hat hier in Form des Aufschlussnamens überlebt. Aufgeschlossen sind Kalke des Oberjuras, die transgressiv von Kalken der Unterkreide überlagert sind. Im Umfeld des Aufschlusses hat sich ein schutzwürdiger Kalkhalbtrockenrasen ausgebildet. In Sichtweite finden wir den unteren Damm der Bollrich-Klärteiche, die heute die neutralisierten Rammelsberger Sauerwässer auffangen (vgl. Infokasten „Spätfolgen des Bergbaus“, Streifzug 4). Es gibt die realistische Perspektive, diese Altlasten aufgrund ihres Gehalts an Indium und anderen Wertmetallen als Sekundärrohstoffe wieder aufzuarbeiten.

Lithologie: Gesteinskunde

Bioklasten: zerbrochene oder isolierte Organismenreste

litoral: küstennaher Bereich eines Meeres

Belemniten: fossile Kopffüßer; ihre Skelette werden auch als „Donnerkeile“ bezeichnet

Wir kehren zurück zur Goslarer Innenstadt und beginnen den stadtgeologischen Streifzug an der **Kaiserpfalz Goslar** (7). Sie ist das besterhaltene Beispiel romanischen Profanbaus in Deutschland. Mehrfach umgebaut, erkennen wir in der Bausubstanz mittelalterliche Bruch- und Lesesteine, Sudmerberg-Kalksandstein, Hils-Sandstein und Buntsandstein.

Kieselschwämme: Schwämme (Spongien), deren Skelett aus SiO_2 aufgebaut ist

Kaiserpfalz in Goslar

Die **Domvorhalle** (8) direkt am Parkplatz ist nur der um 1200 als Anbau errichtete, aber heute als einziger Überrest erhaltene Teil der einst mächtigen Stiftskirche St. Simon und Judas, die fälschlicherweise auch „Goslarer Dom“ genannt wird. Sie wurde um 1040/1050 errichtet und in den Jahren 1819–1822 sukzessive abgerissen. Die Domvorhalle enthält Überbleibsel der ehemaligen Kirche, u. a. den Kaiserstuhl. Das alte Lese- und Bruchsteinmauerwerk des Gebäudes besteht überwiegend aus grauem Kahleberg-Sandstein, weißen Plänerkalken, rötlich-gelblichem Sudmerberg-Kalksandstein und hellgrauem Hils-Sandstein.

Echiniden: Seeigel, Klasse der Stachelhäuter

Bivalven: Muscheln, Klasse der Weichtiere (Mollusken)

In jüngeren Bauphasen wurden Sudmerberg-Kalksandsteine und Hils-Sandsteine verbaut. Der Hils-Sandstein zeigt teilweise

Ostrakoden: Muschelkrebse

Bryozoen: Moostierchen; koloniebildendes Tier mit meist kalkigem Außenskelett

Foraminiferen: als Leitfossilien bekannte, einzellige, zumeist gehäusetragende Protisten aus der Gruppe der Rhizaria

Primärhütte: Hüttenbetrieb, der geogene Erze bzw. deren Konzentrate verhüttet; im Gegensatz zur Recyclinghütte

Neokom: veraltete Stufenbezeichnung für die untere Unterkreide

Korrodierte Hils-Sandsteinsäule an der Domvorhalle

Metamorphose: Gesteinsumwandlung durch Druck- und Temperatureinfluss

starke Verwitterungserscheinungen, die auf Streusalzeinwirkung zurückgehen – ein großes Umweltproblem für viele Bauten.

Vom Parkplatz gehen wir den Hohen Weg hinab in die Stadt. Im Innenhof des links liegenden **Großen Heiligen Kreuzes** (9), eines ab 1254 errichteten Hospitals, erkennen wir mittelalterliche Lese- und Bruchsteinverbände. Bauliche Ergänzungen und Ausbesserungen fanden mit mesozoischen Sandsteinen statt, die inzwischen unter Salzfraß leiden. Das Dach ist mit Goslarer Dachschiefer (Wissenbach-Schiefer) gedeckt. Dieser ist ein rd. 375 Ma alter Tonschiefer aus dem Mitteldevon, der nach seiner Ablagerung und Verfestigung gefaltet und durch eine Regionalmetamorphose überprägt wurde. Er verwittert mit einer leicht silbernen Patina, die ihm sein charakteristisches Aussehen verleiht. Im Gebiet um Goslar wurde der Wissenbach-Schiefer bis ca. 1950 abgebaut und ist noch heute auf vielen Dächern und auch als Wandverkleidung von Häusern der einstigen Kaiserstadt zu finden.

Typischer Salzfraß an Steinsockeln von Gebäuden

Lese- und Bruchsteinverband

Am Hohen Weg 22 fällt das aus gelbem Sudmerberg-Kalksandstein errichtete Gebäude der ehemaligen **Realschule Hoher Weg** (**10**) auf, das für Zwecke der Wohnnutzung umgebaut werden soll.

Ehemalige Realschule Hoher Weg mit Sudmerberg-Kalksandsteinfassade

In einer Ecke am Nordwestende des Gebäudes steht vor einer Brandschutzmauer eine Ruhebank. Hier lohnt sich ein Detailblick auf die Gesteinsvielfalt – u. a. mit Trochitenkalk des Oberen Muschelkalks (ca. 235 Ma) und deutlich erkennbaren Seelilien-Stielgliedern. Er stellt eine Flachwasser-Schwellenfazies des Muschelkalkmeers dar, deren Gestein in vielen Brüchen in der Quadratmeile abgebaut wurde.

Trochiten im Mauerwerk nahe dem ehemaligen Schulgebäude

200 m vor uns sehen wir die großen **Türme der Marktkirche** (11) mit ihrem im oberen Bereich markant gelben Mauerwerk. Die Türme bestehen aus Sudmerberg-Kalksandstein und wurden nach einem großen Brand nach 1844 auf die ältere, dunklere Bausubstanz aus Kahleberg-Sandstein sowie anderen Gesteinen, die den unteren Gebäudeteil bildet, neu aufgemauert.

Rechter Hand liegt nun der **Goslarer Marktplatz** (12). Er ist umgeben vom Rathaus aus dem 15. Jahrhundert mit seinen gotischen Spitzbögen, der Marktkirche, dem Hotel Kaiserworth und weiteren, z. T. verschieferten Gebäuden. Im Dachgeschoss des alten Bürgerhauses (heute Restaurant „Schiefer") befindet sich ein Glocken- und Figurenspiel mit Motiven zum Goslarer Bergbau.

Durch die Worthstraße erreichen wir die Abzucht und das **Goslarer Museum** (13) mit einer Ausstellung zur Quadratmeile im Obergeschoss und geologischer Literatur im Foyer.

Goslarer Marktplatz mit Blick auf das alte Bürgerhaus

Streifzug 2: Exemplarische Reliefumkehr – Von Langelsheim zum Lutter-Becken

Unser nächstes Ziel ist die Nordwest-Region der Quadratmeile. Die hier befindliche größere Innerste-Mulde und das kleinere Lutter-Becken werden südlich durch den Harz, nördlich und östlich durch den Lichtenberg- und Salzgitter-Höhenzug und westlich durch Ausläufer des Lutter-Sattels begrenzt. Das Gesamt-

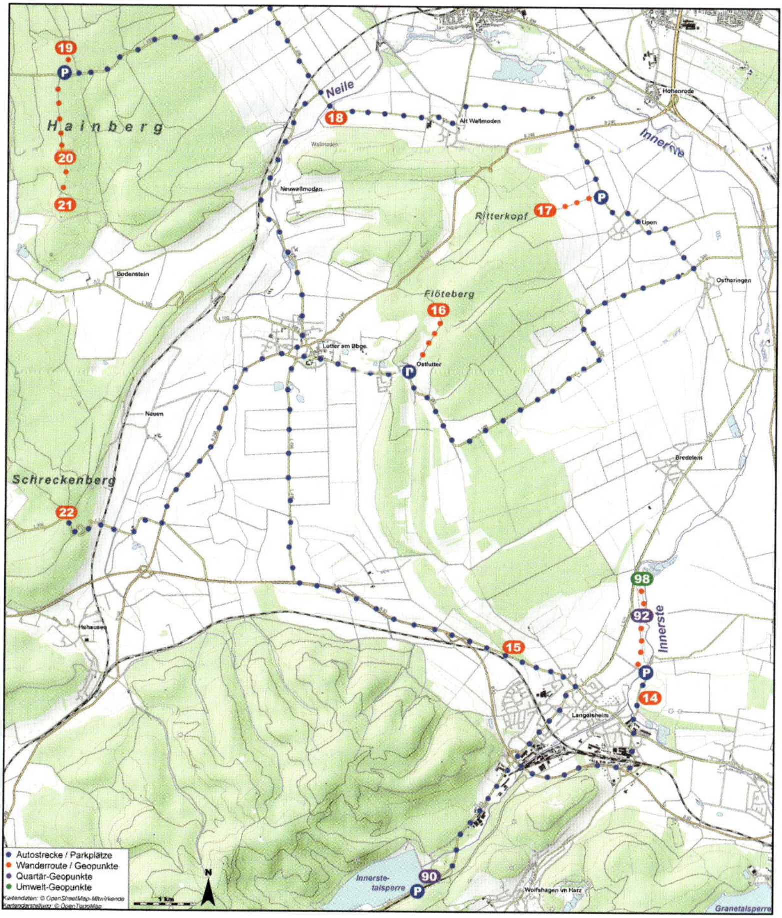

Routenkarte Streifzug 2

gebiet erstreckt sich von Goslar im Südosten bis hin zum nordwestlich gelegenen Baddeckenstedt.

Die Routenkarte legt die Aufteilung des Streifzugs in drei Tagestouren nahe.

Strukturgeologisch gesehen stellt die Innerste-Mulde den nordwestlichen Abschluss der Subherzynen Kreidemulde dar. Sie enthält bis zu 750 m mächtige Kreideablagerungen und wird geographisch in die Ringelheim-Ebene im Nordwesten und die südöstlich gelegene Bredelem-Ebene gegliedert.

Der Lutter-Sattel setzt sich von der Nordwest-Ecke des Harzes ca. 7 km weiter fort und hat sich ursprünglich bereits im Zuge der „subherzynen Tektonik“ entwickelt. Salztektonik bewirkte die weitere Hebung des Deckgebirges. Die anschlie-

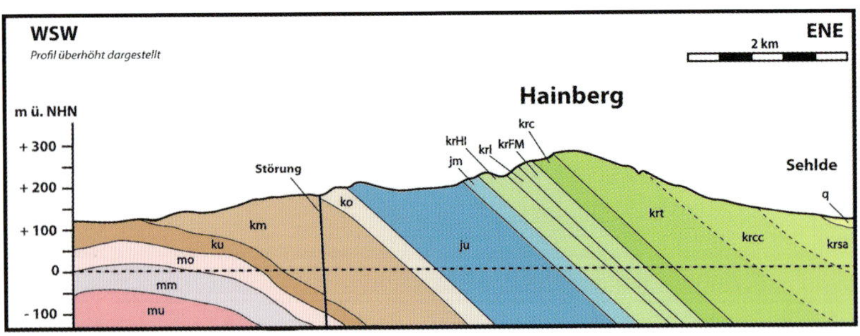

Geologische Schnittzeichnung A-B (siehe Abb. S. 4) durch den Hainberg des Lutter-Sattels (vereinfacht nach LBEG 2006), Legende siehe Abb. S. 135

Steinbruch am Kanstein in Coniacium-Kalken

ßende erosive Ausräumung des Sattelkerns führte zur Entstehung der Lutter-Mulde – ein klassischer Fall von Reliefumkehr. Die Nordnordost-Südsüdwest streichenden und bis zu 280 m NHN hohen Flanken des Sattels sind im nördlichen Bereich geschlossen und zeigen umlaufendes Streichen.

NHN: Normalhöhennull, ersetzt sukzessive Normalnull (NN)

Beginnend am **Kanstein** (14) bei Langelsheim treffen wir rechter Hand der Landstraße auf den bis zu 10 m hohen ehemaligen Prallhang der Innerste. Dieser bietet ein lang gestrecktes, inzwischen teilweise von Pflanzenwuchs überdecktes, geologisches Profil der Kreide. Tone des Unterjuras (Lias) werden diskordant von Hils-Sandstein der Unterkreide überlagert, gefolgt von Minimus-Tonen, kieseligen Flammenmergeln, Cenomanium-Kalken und -Mergeln, Rotplänern, Kalken des Turoniums und Schichten des Coniaciums. Die gut sichtbaren Kluft- und Störungssysteme sind entlang von Bruchflächen durch Bewegung von großvolumigen Gesteinspaketen entstanden und haben zur Bildung von kleineren, teilweise stark verbruchgefährdeten Spaltenhöh-

Lutter am Barenberge und die Schlacht des 30-jährigen Kriegs

Im Zentrum der Senke liegt Lutter am Barenberge, dessen neugotische St. Georgskirche aus Hils-Sandstein 1869 auf einer Erhebung aus Mittlerem Buntsandstein erbaut wurde und als Beispiel regionaler Steinmetzkunst gilt. Der Ort entstand als Rast- und Zollstätte entlang der Verkehrsachse Rhein–Elbe. Hier im Lutter-Becken fand am 27. August 1626 eine entscheidende Schlacht des 30-jährigen Kriegs zwischen dem Heer der Katholischen Liga unter Tilly und den dänischen Truppen unter Christian IV. statt, die eine massive Niederlage erlitten.

Steinbruch Lampe im Hils-Sandstein

len geführt. Im Steinbruch der Rohstoffbetriebe Oker GmbH & Co. KG werden fossilreiche Kalksteine des Coniaciums abgebaut.
Auf dem Kansteingipfel wurden Reste einer karolingischen Burganlage aus dem 11. Jahrhundert gefunden. An seinem Fuß und in Langelsheim finden sich Schlackenhalden mittelalterlicher und neuzeitlicher Hüttenanlagen (u.a. Frau-Sophien-Hütte, Herzog-Julius-Hütte), die Rammelsberger Erz verarbeiteten.

An der Landstraße westlich von Langelsheim befindet sich die Schichtrippe des **Steinkuhlenbergs** (15), der von lang gestreckten Steinbrüchen mit Strossen bis zu 6 m Höhe durchzogen ist. Hier wurde fein- bis mittelkörniger Hils-Sandstein abgebaut. Im Hangenden wiederholen sich die Schichtfolgen, die wir vom Kanstein kennen. Teilweise wurden die Brüche als Abfalldeponien verfüllt. Die Steinbrüche setzen sich entlang des Weißen Wegs in Richtung Langelsheim fort und sind durch lang gestreckte Geländesenken erkennbar.

Nördlich von Ostlutter, im besonders harten Hils-Sandstein der Ostflanke des Lutter-Sattels gelegen, befindet sich der aufgelassene **Steinbruch Lampe** (16). Hier wurde auf bis zu 4 ha Fläche mittelkörniger Hils-Sandstein des Albiums abgebaut. Die Schichtung liegt im Steinbruch nahezu waagerecht (söhlig) mit Neigungswinkeln von weniger als 10°. Aus Schichtmächtigkeiten von 30 bis 40 m resultieren Ausstrichbreiten von mehreren hundert Metern – ideal für einen ergiebigen Abbau. Senkrecht stehende Klüfte verleihen dem Sandstein teilweise ein quaderförmiges Aussehen.

Der Steinbruch war über mehrere Jahrhunderte in Betrieb. Die hier und in den benachbarten Steinbrüchen geförderten Quader fanden als Baustein u. a. in Goslar an der Jacobi- und Marktkirche, am Braunschweiger Schloss und an der Herzog-August-Bibliothek in Wolfenbüttel Verwendung.

Hils-Sandstein

Der Hils-Sandstein ist ein fossilarmer Sandstein aus feinen Quarzkörnchen mit Ton- und Eisenmineralen aus der Unteren Kreide (ca. 100 Ma), insbesondere Glaukonit, der die im bergfrischen Zustand grünliche Farbe hervorruft. Nach Verwitterung und Oxidation des Glaukonits zu Goethit nimmt der Hils-Sandstein ein bräunliches Aussehen an. Der leicht lösliche Goethit fällt dabei entlang der Schichtflächen und Klüfte aus, sodass sich braun gefärbte Bänder ausbilden können.
Der Sandablagerung im flachen Litoral folgte die Sandsteinbildung. Die Schichtmächtigkeiten der Sandsteinbänke können stark schwanken. Dies gilt auch für die Gesteinsfestigkeit, die aufgrund unterschiedlicher SiO_2-Gehalte im Bindemittel des Sandsteins ebenfalls stark variieren kann. Die mögliche Herkunftsregion des Sandes wird in der Literatur kontrovers diskutiert.
Durch seine Feinkörnigkeit und die z. T. große Härte eignet sich der Hils-Sandstein als Baumaterial. Er kann zu recht filigranen Bauelementen bearbeitet werden, aber ist auch für Mauerecken und Fensteraussparungen einsetzbar, da hier eine größere Härte gefragt ist. Verwitterung führt bei Hils-Sandstein zu einer oberflächlichen Absandung, womit Steinmetzarbeiten deutlich an Konturschärfe verlieren.

An der Nordostflanke des Sattels befindet sich der **Erdfall am Ritterkopf** (17). Bereits von der Landstraße aus – wo wir das Auto an einem Feldweg abstellen können – sind rechter Hand vor dem Waldrand zwei inselartige Baumbestände mit weiteren Erdfällen erkennbar. Der steilwandige Erdfall am Ritterkopf findet sich, wenn man einige hundert Meter in den Wald hineinwandert, auf der linken Seite des Waldwegs. Er hat eine Tiefe von ca. 10 m bei einem Durchmesser von bis zu 20 m. Die Erdfälle markieren die alte, zwischenzeitlich in Richtung Muldenachse gewanderte Verkarstungsachse der Karbonatgesteine.

Glaukonit: dunkelgrünes, im marinen Bereich gebildetes Mineral (Phyllosilikat)

Goethit: vgl. Brauneisen, α-FeOOH, häufiges Eisenmineral

Gegenüber diesem Erdfall liegt ein kleiner Steinbruch in Turonium-Plänerkalken, die mit rund 20° nach Osten einfallen. Im Anstehenden und Haldenmaterial finden sich neben Pyritkonkretionen auch Fossilien. Weiter bergauf verflacht das Gelände, was den Schichtwechsel zum Rotpläner anzeigt. Die Kuppe des 262 m NHN hohen Ritterkopfs ist aus Plänerkalken des Cenomaniums aufgebaut, die teilweise intensiv verkarstet sind.

Blick in den Erdfall am Ritterkopf

Der Karst des Langelsheim-Baddeckenstedt-Gerinnes

Weil die Plänerkalke des Cenomaniums und Turoniums verkarstungsfähig sind, ist in der Innerste-Mulde ein lang gestrecktes unterirdisches Karstgerinne entstanden. Oberirdisch wird es durch Erdfälle, Dolinen, kleine Höhlen und Karstquellen gekennzeichnet. Im Muldenzentrum werden die Kalke von schwer wasserdurchlässigem Mergel der Emscher-Formation (Coniacium/Santonium) mit bis zu 600 m Mächtigkeit überdeckt. Das am Nordharzrand versickernde Wasser wird in einer Gerinnehöhle zum tiefsten Punkt der ausstreichenden Plänerkalke bei Baddeckenstedt geleitet.

Der Fließweg an der Westflanke der Innerste-Mulde ist seit 1889 bekannt, als Laugen der Langelsheimer Chlorkaliumfabrikation aus Salzen der Grube Hercynia (Vienenburg) mittels Bohrungen in den Untergrund am Kanstein versenkt wurden und anschließend die Karstquellen bei Alt Wallmoden und Baddeckenstedt starke Versalzungen aufwiesen. Färbeversuche wiesen später ein zusammenhängendes Karstgerinne zwischen dem Gebiet mit Bachschwinden bei Gut Riechenberg im Südosten bei Goslar, Langelsheim im Südwesten und Baddeckenstedt im Norden nach. Bei einer Länge von 27 km Luftlinie betragen die Fließgeschwindigkeiten somit ca. 100 m in der Stunde.

In Alt Wallmoden finden sich auf Privatgelände die Karstquellen Großer Spring und Kleiner Spring mit Schüttungen von bis zu 140 m^3/h. Der Große Spring wurde 1939 für die Wasserversorgung der Reichswerke Hermann Göring, heute Salzgitter AG, gefasst und nutzbar gemacht.

Weiter westlich liegt die episodische **Karstquelle Kirschensoog** (18), eingebettet in bewirtschaftete Felder und am Grunde eines Springerdfalls, der als ca. 70 m langer Geländeeinschnitt ausgebildet ist und in die nahe Neile entwässert. Es handelt sich um einen Wasseraustritt des Langelsheim-Baddeckenstedt-Gerinnes, das hier durch die Struktur des Lutter-Sattels eine Verengung in seiner Ausdehnung im Untergrund erfährt. Die Schüttung unterliegt starken Schwankungen und kann bis zu 3.000 l/s erreichen, die Quelle ist aber zumeist trocken.

Nun geht es weiter in den Hils-Sandstein an der Westflanke des Lutter-Sattels. Dort befindet sich die **Hubertusgrotte am Jägerhaus im Hainberg** (19), von wo aus wir unseren nächsten Rundgang starten. Der vorwiegend mit Buchen bestandene, unter Landschaftsschutz stehende Hainberg stellt die Grenze zwischen der Ringelheim-Mulde im Westen und Innerste- sowie Lutter-Mulde im Osten dar.

An der 1838 vom Burgherrn Johann Friedrich Antonius von Bocholtz als Jagdhaus errichteten späteren Waldgaststätte „Jägerhaus“ befindet sich die 1733 erschaffene Hubertusgrotte, die dem Patron der Jäger gewidmet ist. Das Hubertus-Motiv an der Felskapelle veranschaulicht die Eignung des Hils-Sandsteins auch für filigrane Steinmetzarbeiten.

Hubertus-Motiv im Hils-Sandstein der Hubertusgrotte

Dem Weg nach Bodenstein folgend erreichen wir die **Geroldsklippe** (20), die Teil des als Naturdenkmal ausgewiesenen Härtlingszugs der Bodensteiner Klippen ist. Dieser erstreckt

Geroldsklippe im Härtlingszug der Bodensteiner Klippen

sich über 4 km in Nord-Süd-Richtung zwischen Jägerhaus und Bodenstein auf der Ostflanke des Lutter-Sattels.

Die Bodensteiner Klippen bestehen aus verkieseltem Hils-Sandstein der Unterkreide (Unteres Albium, ca. 110 Ma). Die bis 70 m mächtigen Schichten fallen nach Osten zur Bodenstein- und Lutter-Mulde ein und werden von Minimus-Tonen des Mittleren Albiums überdeckt. Diese wurden für Nordwestdeutschland erstmals 1853 in einer alten Ziegelei bei Neuwallmoden nachgewiesen. Im Hangenden folgen Flammenmergel des Oberen Albiums und zumeist rötliche Plänerkalke der Oberkreide. Das Liegende des Hils-Sandsteins ist verbreitet Oberer Unterjura.

Wabenverwitterung an der Sofaklippe

An der Südost-Seite der weiter südlich gelegenen **Sofaklippe** (**21**) finden sich sehenswerte Beispiele für Wabenverwitterung, die durch das Zusammenwirken von chemischen, biologischen und erosiven Faktoren hervorgerufen wird und an senkrechten oder überhängenden unbedeckten Sandsteinoberflächen vorkommt. Die Wabenverwitterung ist durch ein regelmäßiges Netzmuster aus vorspringenden Stegen mit einer Rasterung von bis zu einigen Zentimetern gekennzeichnet.

Lokale Verkieselungen entlang kleinerer Klüfte können ebenfalls zu netzförmigen Oberflächenstrukturen führen, wie sie an der Sofaklippe zu beobachten sind. Diese Strukturen haben jedoch nichts mit der Wabenverwitterung zu tun. So entsteht hier ein vielfältiges Verwitterungsbild, das im Detail eine Fülle von interessanten und auch fotogenen Kleinformen zeigt.

Die verkieselungsbedingte Härte des Hils-Sandsteins im Bereich der Bodensteiner Klippen führte zur erosiven Herauspräparierung der Klippen. Das Gegenteil sehen wir in der über einen Feldweg erreichbaren Sandgrube südlich von Bodenstein. Hier wird verwitterter Hils-Sandstein in Form hellgelben bis weißlichen Quarzsands abgebaut.

Quarzsandgrube Bodenstein

Am **Walderlebnispfad Eidechsengrund** (22) auf dem nahen Schreckenberg bei Nauen steht vorwiegend Unterer bis Oberer Muschelkalk an. Der Erlebnispfad bietet einen informativen Überblick zu Flora und Fauna des Gebiets, angereichert mit Informationen zur Geologie und zur Schlacht von Lutter am Barenberge.

Streifzug 3: Salz und Eisenerz – Der nördliche Salzgitter-Höhenzug

Prominent sticht der nördliche Salzgitter-Höhenzug aus der Landschaft hervor. Seit germanischer Zeit wurde hier Eisenerz abgebaut und die umfangreichen Über- und Untertageauf-

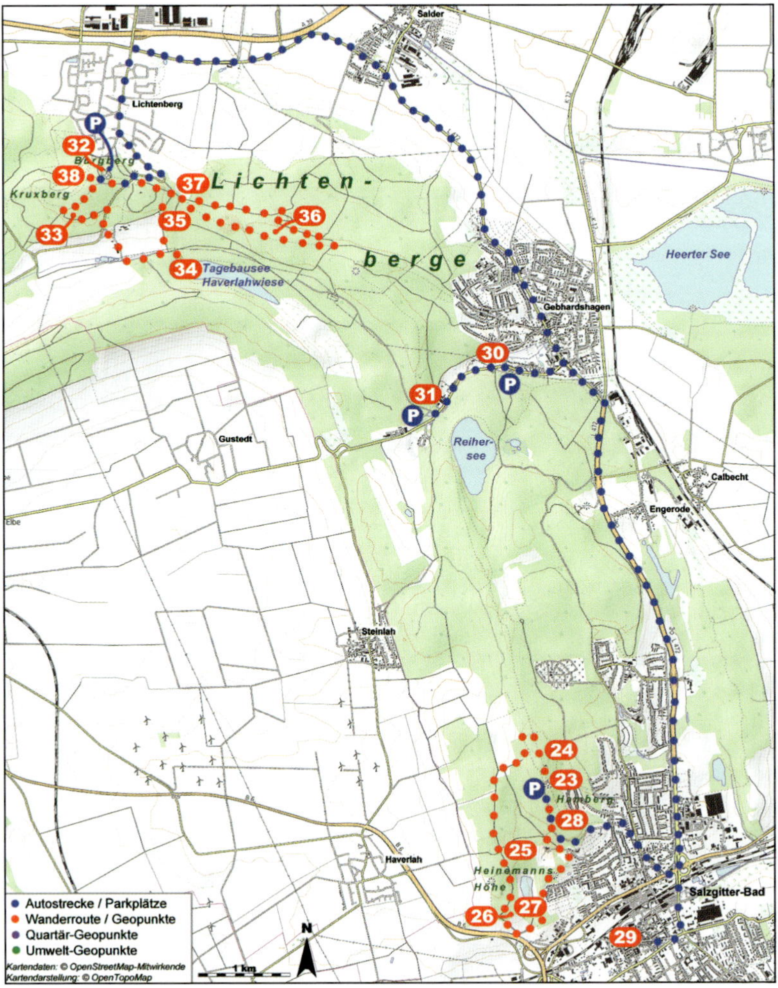

Routenkarte Streifzug 3

schlüsse dieser Bergwerke machen den gesamten Salzgitter-Höhenzug neben dem Rammelsberg zu einem der zentralen Aufschlussgebiete der Quadratmeile, obwohl von der früheren Aufschlussfülle heute nicht mehr viel geblieben ist.

Der nördliche Salzgitter-Höhenzug ist ein Nordwest-Südost streichender und von Salzgitter-Lichtenberg bis Salzgitter-Bad reichender Sattel, an den im Nordwesten der in Ost-West-Richtung streichende Lichtenberg-Sattel anschließt. Südlich von Salzgitter-Bad befindet sich die ebenfalls in Nordwest-Südost-Richtung streichende Fortsetzung in den südlichen Salzgitter-Höhenzug. Diese Strukturelemente sind durch Salzdiapire aus Zechsteinsalzen entstanden, die mit ihren Stein- und Kalisalzvorkommen sowie angelagerten Eisenerzlagerstätten wesentlich zur wirtschaftlichen Entwicklung der Region beigetragen haben.

Salzdiapir: Salzdom, Salzstock

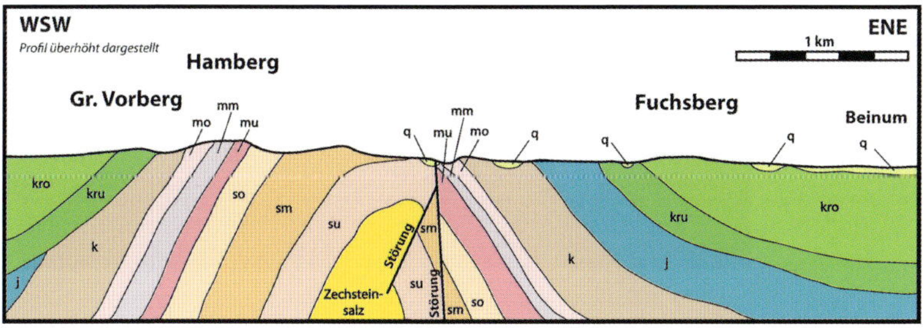

Schnitt durch den Salzgitter-Sattel (Gr. Vorberg, Hamberg, Fuchsberg) entlang Schnittlinie E-F (siehe Abb. S. 4) (vereinfacht nach STADT SALZGITTER 2013), Legende siehe Abb. S. 135

Geographisch befinden wir uns am Übergang vom Norddeutschen Tiefland zum Mitteldeutschen Berg- und Hügelland mit einem Anstieg von ca. 80 m NHN auf 275 m NHN als höchste Erhebung des Salzgitter-Höhenzugs.

Die steile und damit für die Landwirtschaft nicht nutzbare Lage und der relativ kalkhaltige Boden des Salzgitter-Höhenzugs begünstigten die Ausbildung großflächiger Buchenwälder.

Wir starten in Salzgitter-Bad am **Bismarckturm** (**23**), wo wir unser Auto für den nun folgenden Rundweg abstellen. Der Turmbau wurde im Jahr 1900 zu Ehren von Reichskanzler Otto von Bismarck auf dem 272 m NHN hohen Hamberg eingeweiht. Vom 17 m hohen Gebäude hat man einen guten Überblick der

Topographie der Umgebung. Hier befindet sich auch der Einstieg des rund 7 km langen Geopfads Salzgitter-Bad, dem wir folgen.

In nördlicher Richtung entlang des **Kammwegs im Unteren Muschelkalk** (24) treffen wir bereits im aufgeschlossenen Untergrund des Weges auf anstehende Muschelkalk-Schichtköpfe. Die Erosion hat das relativ harte Gestein des Kamms als Schichtrippe herausgearbeitet. Parallel zum Weg verlaufen lang gestreckte historische Steinbrüche.

Morgenstimmung auf dem Kammweg des Hambergs

Hangabwärts am **Steinbruch Heinemannshöhe** (25) im Heiligen Holz geht der Muschelkalk in helle, kalkige Ablagerungen der Oberkreide über, deren Plänerkalke hier abgebaut wurden. Vorbei an der Heinemannshöhe erstreckt sich linker Hand der Tagebausee Finkenkuhle, zu dem wir im späteren Verlauf des Rundwegs einen Abstecher machen werden.

An der Südwestflanke des Salzgitter-Höhenzugs liegt der über einen schmalen Pfad erreichbare kleine **Flammenmergel-Steinbruch** (26). Es ist ein historischer Abbau in bis zu 10 m mächtigen Sedimentgesteinen der Unterkreide. Das Gestein ist ein extrem durchwühltes bioturbates Sediment mit flammenartiger Farbstruktur, die ihm den Namen gab. Seine Farbgebung hat ihren Ursprung in synsedimentären biologischen Prozessen, die u. a. von Kieselalgen hervorgerufen wurden. Der zementartige Flammenmergel ist bereits seit dem Mittelalter als Zuschlagstoff für Kalkmörtel verwendet worden.

Flammenmergel-Handstück

Auf dem breiten Wanderweg geht es südwärts um die Finkenkuhle herum. An der Pumpstation im **Tagebau Finkenkuhle** (**27**) geht der Blick über den vorderen Teil des Sees, die links von uns liegende Abbauwand mit Schichten aus der Unterkreide und das hinter dem See gelegene Bergschadensgebiet.

Panorama des Tagebaus Finkenkuhle

Der Tagebau Finkenkuhle liegt in einem 12,9 km² großen Vorkommen von Salzgitter-Trümmererzen, das sich oberflächennah entlang der Innerste-Mulde im Bereich zwischen dem Schlosspark Ringelheim und Salzgitter-Bad erstreckt. In den bis zu 60 m mächtigen Lagen finden sich Eisengehalte von bis zu

35 %. Bereits Mitte des 19. Jahrhunderts wurde hier in den Gruben Segen Gottes und Finkenkuhle Erz abgebaut.

Die Genese der Salzgitter-Trümmererze

Die Entstehung der im Salzgitter-Höhenzug verbreiteten Trümmer-Eisenerze geht auf die Zeit der Unterkreide (145–100 Ma) zurück. Die durch Erosion jurassischer Tonsteine freigelegten Toneisensteingeoden reicherten sich auf der unterkretazischen Landoberfläche bis zum Hauterivium/Barremium – also über einen Zeitraum von gut 10 Millionen Jahren – an und wurden unter ariden Bedingungen von sideritischen Knollen zu Limonitknollen umgewandelt. Das vorrückende Kreidemeer schwemmte sie dann in Senken in Form eines klassischen Transgressionskonglomerats zusammen. Die meisten Knollen wurden dabei in Erzscherben zerbrochen. Parallel bildeten sich aber auch Eisenoolithe. Durch die Hebung und Herausbildung des Salzstocks im Kern des Salzgitter-Höhenzugs wurden die Eisenerze in für den damaligen Bergbau erreichbare Teufenlagen gehoben. Sie bildeten im Raum Salzgitter im 19. und bis in die Mitte des 20. Jahrhunderts die Grundlage der florierenden Montanindustrie.

Geode: Konkretion oder durch Sekretion entstandene Hohlraumfüllung

Siderit: Eisenmineral, Eisenkarbonat, $FeCO_3$

Limonit: Eisenhydroxid, häufiges Eisenmineral, auch als Brauneisenstein bezeichnet

Salzgitter-Trümmererz aus dem Aufschluss Glockenberg. Foto: Hartmut Knappe

Teufe: bergmännischer Begriff für Tiefe

Nach Stilllegung der Gruben 1930 wurde im Rahmen der NS-Aufrüstungspolitik 1935 die Produktion wieder aufgenommen. 1937 in den Eisenhüttenbetrieb Hermann Göring übernommen, wurde 1938 eine Fördermenge von mehr als 770.000 t erreicht. Der Förderbetrieb endete bedingt durch den 2. Weltkrieg im Jahr 1944, wurde 1946 erneut aufgenommen, um dann 1953 aufgrund der Erschöpfung der Erzlager endgültig eingestellt zu werden. Da die Tagesöffnungen der untertägigen Abbaugebiete wasserdicht verschlossen wurden, bildete sich nach 1957 ein aus Oberflächenwasser gespeister See. Dieser liegt heute in einem Landschaftsschutzgebiet und bietet ideale Lebensbedingungen für zahlreiche Tiere und Pflanzen.

Auf dem weiteren Weg ostwärts um den ehemaligen Tagebau herum kommen wir an einem **Muschelkalkaufschluss** (**28**) vorbei. Im höheren Unteren Muschelkalk wurden im warmen Wasser mächtige Mergelkalke in Wechsellagerung mit zwei Kalkbänken abgelagert, in denen sich Fossilien von Brachiopoden (Armfüßer) und Muscheln finden. Die Kalkbänke werden nach dem alten Gattungsnamen *Terebratula* der in ihnen vorkommenden Schalen von Armfüßern des Taxon Terebratulida (Stamm Brachiopda) als Terebratelbänke bezeichnet. Diese Fossilien werden heute zur Gattung *Coenothyris* gerechnet. Wir folgen nun der Asphaltstraße zurück zum Bismarckturm.

Brachiopoden: Armfüßer; marine Organismen mit einem zweiklappigen Gehause, mit Stiel am Untergrund festsitzend

In Salzgitter-Bad sind im Rosengarten Gerätschaften der **Saline Salzgitter** (**29**) ausgestellt. In einem Pavillon werden Informationen zu den historischen Gradierwerken gegeben, die den Salzgehalt der geförderten Sole durch Verdunstung erhöhten. Zuvor musste die Sole zur besseren Förderung verdünnt werden, da ihre Fließ- und Pumpfähigkeit im unverdünnten Zustand nicht ausreichte. 1849/50 entwickelte der Salineninspektor Albert Schloenbach ein neues Verfahren zur Soleförderung. Durch ein doppelwandiges Rohr wurde die nun unverdünnte Sole aus 220 m Tiefe gefördert, was die Salzanreicherung durch Gradierwerke überflüssig machte. Der Salzgehalt der geförderten Sole liegt bei ca. 24 %. Sie wird auch heute noch zur Speisung des Solekurbetriebes und Sole-Wellenbads Salzgitter-Bad verwendet.

Weiter nördlich liegt der **Gesteinslehrpfad Salzgitter-Gebhardshagen** (**30**). Hier finden sich Exponate von 19 Gesteinstypen: skandinavische Geschiebe (Präkambrium), Gesteine des Harzes (Paläozoikum) und Gesteine aus dem Raum Salzgitter (Mesozoikum), u.a. Gips, Plänerkalk, Schaumkalk, Trochitenkalk, Rhaetium-Sandstein und oolithisches Eisenerz.

Am Hang des etwas weiter westlich gelegenen Herzbergs liegt nahe eines Schießstandes der sehr gut aufgeschlossene **Steinbruch Glück-Auf-Halle** (**31**). Triassische Sedimente bilden die Westflanke des Salzgitter-Sattels – die vor uns liegenden Schichten stammen aus der Mitteltrias (Muschelkalk) mit einem Alter von ca. 240 Ma.

Steinbruch Glück-Auf-Halle

Das Schichtpaket der grau-gelblichen Schichten des Unteren Muschelkalks fällt mit ca. 70° recht steil nach Westen ein und wird linker Hand im Hangenden von der Terebratelbank begrenzt. Im Liegenden der Bank folgen die Schichten des Mittleren Wellenkalks. Dieser Kalk hat seinen Namen nach den häufig zu beobachtenden Wellenformen auf seinen Schichtflächen bekommen. Dies legt den Schluss nahe, dass die Sedimentation unter deutlich epikontinentalen Bedingungen, z.T. in einem intertidalen Milieu, stattfand. Die Terebratelbank (muT) und die Oolithbänke (muO) sind unter flachmarinen Bedingungen sedimentierte harte Kalkbänke. Die beiden mittig im Aufschluss gelegenen mächtigen Lagen des plattigen Mergelkalks, zwischen denen sich die dünnlagige Einschaltung des Schaumkalks befindet, sind leicht zu lokalisieren. Hierbei handelt es sich um einen – wie der Name schon sagt – schaumigen, d.h. porösen, hellen, rauen und feinkörnigen Kalk, der aufgrund seiner Festigkeit als Baustein (Werkstein) geeignet ist. Weiter zum Liegenden hin (in diesem Fall nach rechts im Aufschluss) findet sich nach einer weniger mächtigen Lage aus oolithischen Sedimenten (muO) eine fossilführende Schicht mit *Beneckeia buchi*-Ammoniten, die zu den Ceratiten mit der für die Triaszeit typischen ceratitischen Lobenlinie gehören. Danach folgt die Grenze zum Oberen Buntsandstein, die durch den hier nicht aufgeschlossenen Grenzdolomit markiert ist (LOOK 1985, KRÜGER 2006).

epikontinental: im Bereich des kontinentalen Meeressockels in geringer Tiefe befindlich

intertidal: Gezeitenzone, im Wechsel der Gezeiten regelmäßig überflutet und trocken fallend

Ammoniten: Ammonoidea, ausgestorbene Teilgruppe der Kopffüßer, Vorkommen von Unterdevon bis Oberkreide

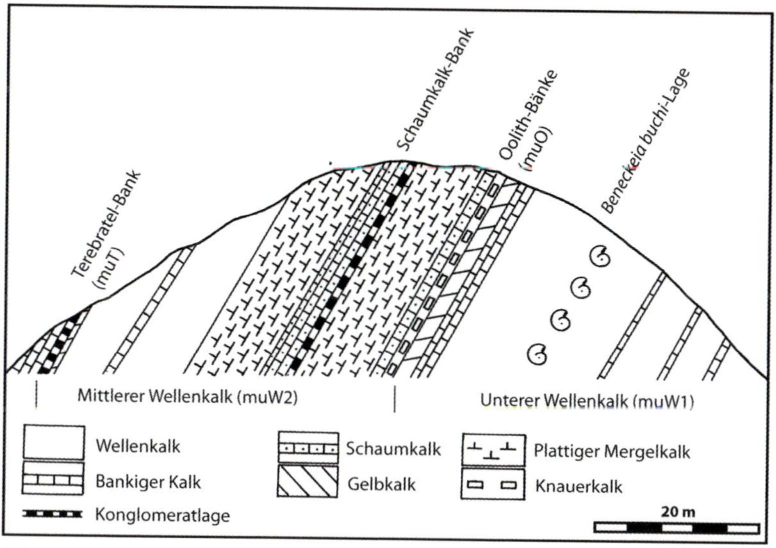

Schichtpaket im Steinbruch Glück-Auf-Halle, verändert und ergänzt nach LOOK (1985)

Sedimentationsmilieus

Sedimentäre Fazies wurden unter unterschiedlichen Sedimentationsbedingungen, d. h. Milieus gebildet. Die nachfolgende Tabelle nach VINX (2011) und SEBASTIAN (2014) gibt eine Übersicht der wichtigsten sedimentären Fazies, ihrer Sedimentationsräume und -medien, beispielhafter Sedimentgesteine und der typischen Bedingungen ihrer Genese sowie ausgewählter Faziesindikatoren.

Sedimentäre Fazies (Sedimentationsmilieu)		Raum und Medium	Beispiele und Indikatoren
marin	marin (allg.)	Meer	Kalkstein, Ton, Grünsand, Glaukonit, marine Fossilien
	abyssisch	Große Wassertiefe (Tiefsee)	Radiolarit, Tonschiefer, Schluff, Grauwacke, Radiolarien, kein Karbonatgehalt, schlecht sortiert
	epi-kontinental	Kontinentale Meeressockel (geringe Tiefe)	Kalkstein, Kreide, Sand, Ton, fossilreich, oft gut geschichtet, Wellenrippel, Schrägschichtung

marin	euhalin	Meer, normaler Salzgehalt	(viele) Riffkalke, marine Fossilien, Artenreichtum
	intertidal	Gezeitenbereich	Sand, Ton, Kreuzschichtung, Rinnen
	turbiditisch	Abhänge, zumeist am Kontinentalschelf	Grauwacke, Flyschsandstein, Wechsellagerung mit Peliten
terrestrisch	terrestrisch (allg.)	Festland	Arkose, Rotsandstein, Löss, Bodenbildung, Trockenrisse, Fossilien (Landpflanzen)
	äolisch	Wind	Feinsand, Löss, Schluff, Windschliff, gute Sortierung, Schrägschüttungen
	limnisch	Seen	Ton, Schluff, Feinsand, Schwarzschiefer, biogene Sedimente, Torf, Fossilien von Landpflanzen (eingeschwemmt) und Süßwasserorganismen
	fluviatil	Flussläufe	Flussschotter, Sand, Kies, Ton, Steine, gut sortiert, Schrägschichtung, Rinnenfüllung, Klasteneinregelung, Fossilien (Süßwasser)
	glazigen	Gletscher, Inlandseis	Geschiebemergel, Geschiebelehm (Till), Findlinge, unsortiert, keine Schichtung, geringe Maturität, Gletscherstriemen, Stauchung des Untergrundes
	glazifluviatil	Schmelzwasser (glazigenen Ursprungs)	Schmelzwassersande, Kies, gut sortiert, Schrägschichtung

euhalin: auf Meereswasser mit normalem Salzgehalt von 3–4 % bezogen

Nahe der nordwestlich von uns gelegenen Ruine der **Burg Lichtenberg** (32) auf dem Burgberg bei Salzgitter-Lichtenberg befindet sich der Startpunkt des ca. 8 km langen Geopfads Salzgitter-Lichtenberg. Die Burg war einst ein Bollwerk Heinrichs des

Löwen und hatte schon eine wechselvolle Geschichte hinter sich, als sie 1552 zerstört wurde. Im Bergfried befindet sich eine Ausstellung mit Exponaten aus der Burg und ihrem näheren Umfeld (Schlüssel im Hotel erhältlich).

Arkose: Feldspat führender Sandstein mit geringen Tonanteilen

äolisch: durch Wind verfrachtet

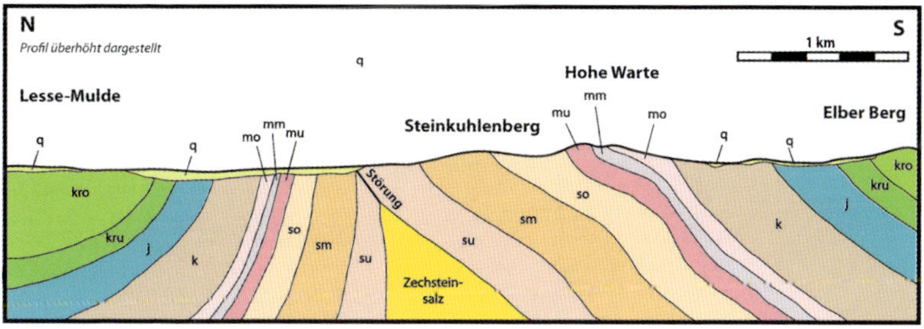

Schnitt durch den Lichtenberg-Sattel entlang der Schnittlinie C-D (siehe Abb. S. 4) (vereinfacht nach STADT SALZGITTER 2013), Legende siehe Abb. S. 135

Bergab in südwestlicher Richtung erreichen wir den im Oberen Muschelkalk gelegenen **Steinbruch Kruxberg** (**33**). Aufgeschlossen ist ein 10 m mächtiges Sedimentpaket in typischer Schwellenfazies des Muschelkalkmeers. Zwei Trochitenkalkbänke, getrennt durch Kalkmergel-Zwischenlagen, zeigen scheibenförmige Crinoiden-Stielglieder (Trochiten).

Crinoiden: Seelilien und Haarsterne, gehören wie die Seeigel und Seesterne zu den Stachelhäutern

Brauneisen: Eisenhydroxid, häufig vorkommendes Eisenmineral

Südöstlich am Fuß des Lichtenbergs liegt der **Tagebausee Haverlahwiese** (**34**). Hier wurden von 1937 bis 1967 im Tagebau und anschließend bis 1982 untertägig Brauneisenstein-Erze der Unterkreide abgebaut. Es handelte sich um den damals größten Eisenerztagebau Deutschlands. Nachdem die Grube mehr als 81 Millionen t Erz geliefert hatte, wurde sie 1982 abgeworfen.

Seelilienstielglieder (Trochiten) des Steinbruchs Kruxberg

Der Tagebau wurde anschließend rekultiviert und in Teilen renaturiert. Von den Übertageanlagen ist fast nur die Lohnhalle erhalten geblieben, in deren Nähe wir uns beim Geopunkt Glück-Auf-Halle befunden haben. Auch die-

Historisches Foto des Tagebaus Haverlahwiese (1961). Quelle: Bundesarchiv B 145 Bild F010146-0008,_Salzgitter_ AG, Foto: Egon Steiner

ser Tagebau ist wassergefüllt und weist heute eine artenreiche Flora und Fauna in einem 117 ha großen Biotop auf – ein weiteres Beispiel der Rückkehr sekundärer Flora und Fauna in einen einst vom Menschen intensiv genutzten Raum.

Biotop: Lebensraum

An dem nach Osten führenden **Höhenweg des Muschelkalkkamms** (**35**) des Salzgitter-Sattels zeugen gleich zu Beginn unserer Wanderung rechter Hand tiefe Steinbrüche vom einstigen Abbau von Werksteinen. Die harten Gesteine des Oberen Muschelkalks sind in Form eines in Ost-West-Richtung streichenden Härtlingsrückens durch die Erosion herauspräpariert worden. Nördlich befindliche Ceratitenschichten des Oberen Muschelkalks und südlich gelegene Mergel des Mittleren Muschelkalks sind weicher und wurden daher stärker erodiert.

Der nordöstliche Abschnitt des Wegs ermöglicht einen Blick in den **Trochitenkalk-Steinbruch am Hardewegforst** (**36**), der über mehrere hundert Meter parallel zum Weg verläuft. Er ist in den bis zu 10 m mächtigen Lagen des Oberen Muschelkalks angelegt worden. Am östlichen Ende des Kammwegs queren wir den Steinbruch und können diesen einige hundert Meter weiter durch einen Hohlweg betreten. Der Trochitenkalk wurde hier bereits seit dem Mittelalter abgebaut. Entlang der abbauwür-

Tagebausee Haverlahwiese, heute ein Naturschutzgebiet

digen Kalkbänke entstand im Laufe der Zeit eine Schlucht von 900 m Länge und bis zu 70 m Breite. Der Aufschluss gehörte zu den herzoglichen Werksteinbrüchen und lieferte Kalkstein für den Kirchen- und Burgenbau in der Region Salzgitter. Die ebenfalls abgebauten weicheren Zwischenlagen wurden als Zuschlagstoffe der Zementherstellung verwendet. In den Halden finden sich Trochiten, Brachiopoden und Muscheln.

Auf dem Rückweg blicken wir hinüber zum **Salzgittersee und Seilbahnberg** (37). Die Landschaft wurde durch die Eisvorstöße des Pleistozäns geprägt. Der ca. 75 ha große Salzgittersee entstand durch den Abbau der sedimentären Hinterlassenschaften der Gletscher in Form von Sand und Kies. Im Zuge der Baggerarbeiten wurden mehr als 1.300 Zähne und Knochen von Rentier, Hirsch, Mammut und Wollnashorn gefunden.

Der 60 m hohe Seilbahnberg bei Lengede ist eine Abraumhalde und diente 1917–1927 der Ablagerung von taubem

Blick über Salzgitter und zum Seilbahnberg

Abraumgestein und Rückständen der Erz-Nassaufbereitung in der Erzwäsche. 1975/76 wurde die über 800 m lange und längst aufgegebene Seilbahn demontiert, der Seilbahnberg teilweise abgetragen und begrünt.

Die Gedenkplakette des **Gaußsteins** (38) auf dem Kruxberg, wenige hundert Meter westlich der Burg, wurde zu Ehren des Mathematikers und Geodäten Johann Carl Friedrich Gauß (1777–1855) errichtet, der gemeinsam mit Johann Heinrich Louis Krüger (1857–1923) das Gauß-Krüger-Koordinatensystem entwickelte. Der Sockel wurde um 1820 von Gauß selbst errichtet, als er im Auftrag Georgs IV. das Königreich Hannover vermaß.

Gauß-Krüger-Koordinatensystem

Kartesisches, linkshändiges Koordinatensystem mit x-Achse als Hauptachse und zwei dazu senkrecht stehenden Achsen, das es erlaubt, in begrenzten Gebieten mit metrischen Koordinaten (Rechts- und Hochwert) zu arbeiten. Heute wird weltweit das UTM-Koordinatensystem eingesetzt, das mit identischen Abbildungsgleichungen, aber unterschiedlichen Maßstabsfaktoren arbeitet. Derzeit findet in Deutschland eine Umstellung von Gauß-Krüger- auf UTM-Koordinaten statt.

Empfehlenswert ist ein Besuch im **Schloss Salder** in Salzgitter-Salder. Im dortigen Geopark-Informationszentrum befinden sich u. a. das Skelett eines 1940 in der Eisenerzgrube Gitter-Georg entdeckten Ichtyosauriers der Gattung *Platypterygius* und ein Eiszeitgarten.

Abschließend seien noch zwei Geotope genannt, die schutzwürdige Biotope darstellen, daher nicht allgemein zum Betreten freigegeben sind und somit nicht in die Tourenplanung einbezogen wurden.

Im aufgelassenen **Steinbruch Salder** am Rande der Lesse-Mulde im nordöstlichen Teil des Salzgitter-Höhenzugs ist ein Schichtpaket vom höheren Mittel-Turonium bis ins höhere Unter-Coniacium aufgeschlossen. Die dickbankigen, weißen bis hellgrauen Mergelkalksteine aus der Plänerkalk-Gruppe mit einer Mächtigkeit von ca. 120 m stellen ein Typusprofil dar und werden lithostratigraphisch als Salder-Formation bezeichnet. Der 23 ha große Bruch wird seit 2006 von der BUND-Kreisgruppe Salzgitter betreut und ist nur zu vereinbarten Terminen zu betreten.

Lithostratigraphie: gesteinskundliche Charakterisierung der zeitlichen Aufeinanderfolge/ Bildungsfolge von Gesteinsschichten

Der aufgelassene **Steinbruch Baddeckenstedt** wird im Geotopkataster Niedersachsen als Nr. 3827/05 geführt und steht unter der Betreuung der NABU-Bezirksgruppe Braunschweig. Aufgeschlossen ist eine ca. 60 m mächtige Gesteinsabfolge vom oberen Unter-Cenomanium bis in den Unter-/Mittel-Turonium-Grenzbereich – einer der besten Aufschlüsse des Cenomaniums. In den hier aufgeschlossenen Rotplänern finden sich einige markante schwarze und graugrüne Lagen, die z.T. als umgewandelte vulkanische Aschelagen interpretiert werden. Daher stellt der Aufschluss ein Schlüsselprofil für die Entwicklung der sogenannten Event-Stratigraphie in Norddeutschland dar.

Event: geologisches Ereignis

Event-Stratigraphie

Bei dieser stratigraphischen Methode werden Gesteinsfolgen mithilfe von geologisch kurzzeitig andauernden Ereignissen (engl.: Event) miteinander verglichen. Dazu zählen u. a. Vulkanausbrüche, Tsunamis, Überflutungen, die Übergänge von Kalt- zu Warmzeiten oder auch Polumkehrungen. Als geologisch kurzzeitig können Ereignisse von wenigen Stunden bis zu mehreren Millionen Jahren betrachtet werden, da auch diese Größenordnung im Vergleich zum Gesamtalter der Erde als gering eingestuft werden kann.

Von besonderer Bedeutung sind einzelne Gesteinsschichten dann, wenn diese nicht nur eine lokale, sondern eine regionale oder gar überregionale Verbreitung haben. Sie werden dann als Leitschichten bezeichnet und lassen so die zeitliche Korrelation auch geographisch weit auseinander liegender Areale zu.

Zu den bekanntesten Events gehört der Meteoriteneinschlag, der sich an der Kreide-Tertiär-Grenze ereignete und eine weltweit nachweisbare Anomalie des Elements Iridium und anderer Platinmetalle in Sedimenten hinterließ, die vor 65 Millionen Jahren abgelagert wurden.

Streifzug 4: Letzte Eisenerzaufschlüsse – Der südliche Salzgitter-Höhenzug

Im südlichen Salzgitter-Höhenzug zwischen Salzgitter-Bad und Goslar sind Gesteine von Trias, Jura und Kreide aufgeschlos-

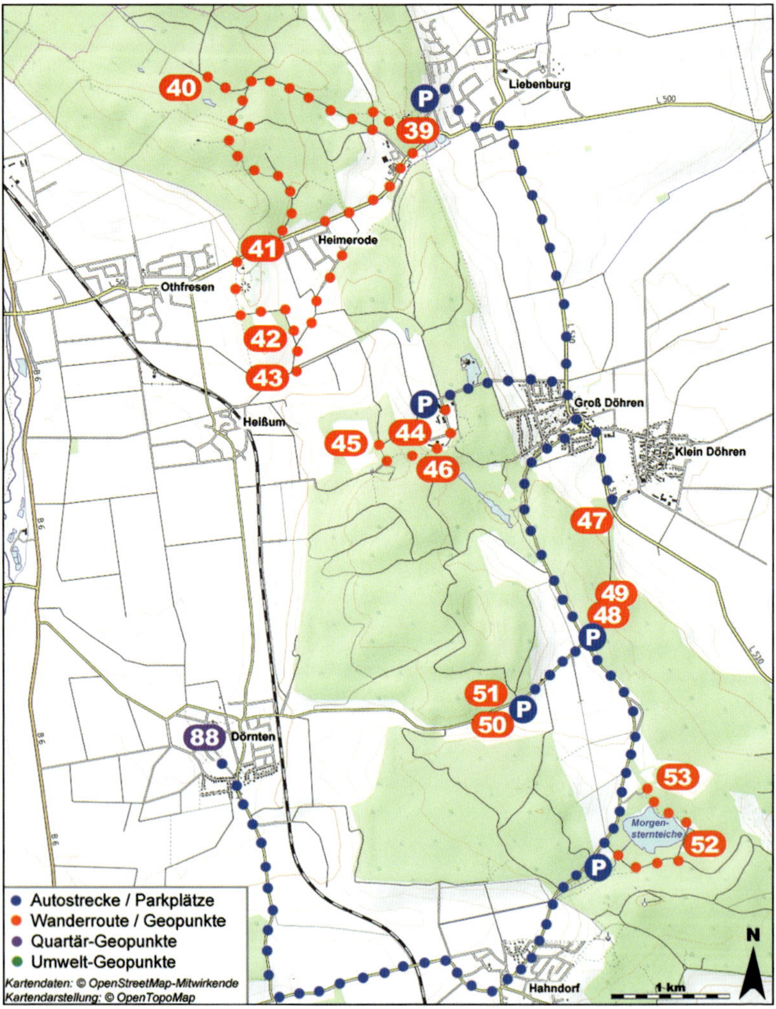

Routenkarte Streifzug 4

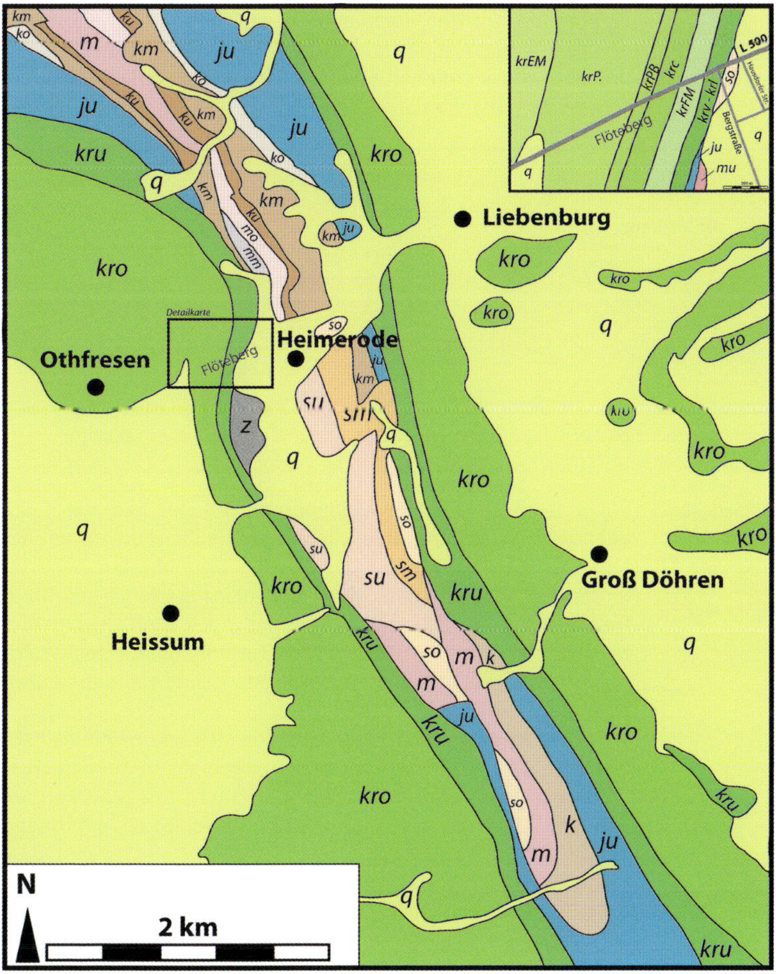

Schematische geologische Übersichtskarte des südlichen Salzgitter-Höhenzugs, vereinfacht nach der Interpretation des LBEG (2016a), Legende siehe S. 135

sen. Unter Tage befanden sich hier umfangreiche Grubenaufschlüsse – über Tage sind nur noch wenige Aufschlüsse des Erzes zu besichtigen.

Im Zuge der Salinartektonik wurde auch der Salzgitter-Höhenzug angehoben. Ähnlich wie im Fall des Lutter-Sattels entstanden auf der Hochfläche durch Reliefumkehr Senken. Charakteristisch ist das umlaufende Streichen der steil stehenden und lang gezogenen Schichtenfolgen aus Plänerkalken, die an den Sattelflanken anstehen.

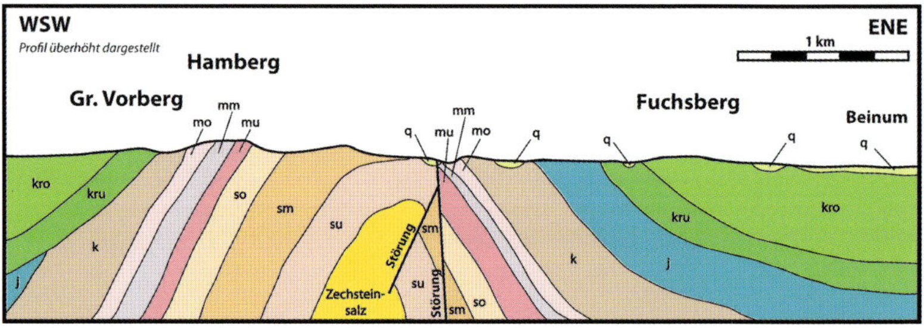

Geologische Schnittzeichnung G-H (siehe Abb. S. 4) durch den südlichen Salzgitter-Höhenzug, vereinfacht nach der Interpretation von MÜLLER (2006), Legende siehe S. 135

Salinartektonik: durch Salzbewegungen verursachte tektonische Prozesse bzw. daraus entstandene Strukturen

Wir starten am Schloss Liebenburg. Von der hier um 1292 gebauten Liebenburg sind nur wenige bauliche Reste geblieben. Ihr Nachfolgebau ist das heutige Liebenburger Schloss, hinter dem der 1991 nach einer Teilsanierung wieder geöffnete **Hausmannsturm** (**39**) steht. Er stammt noch von der alten Liebenburg. Bereits beim Anstieg zum Turm fallen auf dem Waldboden weiße Plänerkalke auf. Von oben haben wir einen guten Geländeüberblick.

Im Mauerwerk des Schlosses finden sich unterschiedlichste Gesteine als Sachzeugen der lokalen Geologie. In wesentlichen Teilen wurde es jedoch aus Rhaetium-Sandstein (Oberkeuper, 208–201 Ma) erbaut, der im Umfeld des Schlosses gebrochen wurde.

Im Wald nordwestlich des Schlosses führt ein Weg in Richtung Grenzlerburg. Dort befindet sich das Tagebaugelände der Eisenerzgrube Ida-Bismarck. Zwar wurde hier schon spätestens ab ca. 1680 sporadisch Bergbau betrieben, doch erst im Rahmen der NS-Aufrüstung begann 1934 ein intensiver Bergbau. Abgebaut wurde auch hier eine zu Tage ausstreichende Trümmererzlagerstätte der Unterkreide. Das Bergwerk wurde zuletzt von der Barbara Eisenerzbergbau AG betrieben und 1962 geschlossen. Der Schacht Bismarck war 1938 niedergebracht und 1949 abgeworfen, d. h. stillgelegt worden. In der NS-Zeit arbeiteten hier – wie in vielen anderen Bergwerken – auch sowjetische Kriegsgefangene.

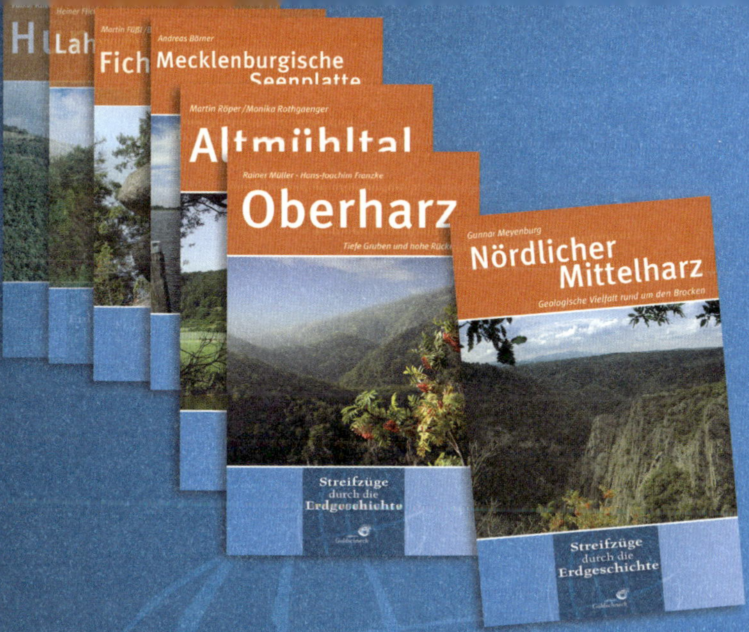
Andreas Börner
Mecklenburgische
Martin Röper/Monika Rothgaenger
Rainer Müller · Hans-Joachim Franzke
Oberharz
Streifzüge durch die Erdgeschichte
Gunnar Meyenburg
Nördlicher Mittelharz
Geologische Vielfalt rund um den Brocken
Streifzüge durch die Erdgeschichte

Im Tagebau befindet sich ein **Profil mit Kalk-Eisenerzen** (**40**), das stratigraphisch dem Valanginium/Hauterivium zuzuordnen ist. Das gut zugängliche, jedoch teilweise zugewachsene Profil ist ca. 100 m lang, bis 6 m hoch und verläuft in Nordwest-Südost-Richtung. Die nördlich stehenden Übertageanlagen des Ida-Schachts wurden abgerissen und der Schacht verschlossen. Als Wahrzeichen findet man auf dem Betriebsgelände an der Bahnstrecke Goslar-Hildesheim noch Gebäude der Erzaufbereitung, die gut erhalten sind, weil sie von der Studiengesellschaft für Eisenerzaufbereitung (SGA) genutzt werden. Weiter oben am Hang befindet sich – auf Privatgrund, aber zu besichtigen – das sehenswerte Mundloch des Ida-Stollens. Der Stollen selbst ist allerdings nach wenigen Metern verwahrt.

Verwahrung: bergmännischer Verschluss oder Verfüllung

Bioturbation: Durchwühlung von Sedimenten durch Lebewesen

Durch den Wald geht es in südlicher Richtung zur Landstraße zwischen Liebenburg und Othfresen. Für diese wurde im **Flöteberg** (**41**) ein tiefer Einschnitt in den Berg gesprengt und ein Gesteinsprofil aus dem Albium (113–100 Ma) bis zum Turonium (94–90 Ma) von 250 m Länge lückenlos aufgeschlossen.

Aufschluss mit Kalk-Eisenerzen

Die Sattel-Westflanke ist infolge der Salinartektonik überkippt, d. h. stratigraphisch ältere Schichten liegen über jüngeren Ablagerungen. Von Heimerode kommend, beginnt das Profil mit den schwarzbraungelb gefleckten Flammenmergeln des Albiums, die durch Bioturbation geprägt sind.

Es folgen Gesteine der Oberkreide, zunächst eine geringmächtige Lage gelbgrauer Mergelsteine, in denen schwarz bis grünlich schimmernde Glaukonitkörner auffallen – der Ultimus-Ton. Darauf folgt eine mächtige Schicht grauer Plänerkalke. Sie differenziert sich in einen stratigra-

Panoramaaufnahme des unverbauten Blicks auf das Profil im Flöteberg vor Installation der Steinfangnetze im Jahr 2014

phisch liegenden Anteil aus dem Cenomanium (101–94 Ma) mit dunkelgrau gefärbten, von dünnen Lagen aus grünem Mergel unterbrochenen Kalken und eine stratigraphisch hangende Partie aus dem Turonium (94–90 Ma) von hellgrau bis weißer Farbe, die keine Mergel-Zwischenlagen aufweist. An der Grenze zwischen Cenomanium und Turonium (94 Ma) ist eine Lage mit auffälliger Rotfärbung von ca. 20 m Mächtigkeit ausgebildet, der Rotpläner. In den Ober-Turonium-Schichten wurden hier Bentonite gefunden und als Marker für Vulkanausbrüche identifiziert (vgl. Infokasten „Event-Stratigraphie"). Am Ende des Aufschlusses folgen Mergel der Emscher-Formation (Coniacium/Santonium, 90–86 Ma). In den Plänerkalken sind Fossilfunde möglich, hauptsächlich Schalenfragmente von Inoceramen, Seeigeln, Ammoniten und Brachiopoden.

Bentonit: toniges Verwitterungsprodukt vulkanischer Asche, Hauptbestandteil Montmorillonit

Inoceramen: ausgestorbene, marin lebende Muschelgruppe

Südöstlich des Galgenbergs, den wir auf einem Feldweg an seiner westlichen Flanke umrunden, liegt die **Gipskuhle Othfresen** (**42**). Auf dem knapp 2 ha großen Gelände steht verkarsteter Gips an, der mindestens seit dem 19. Jahrhundert abgebaut wurde. Früher wurde dieses Gipsvorkommen dem Zechstein zugeschrieben. Nach den Ergebnissen jüngerer Kartierungen (MÜLLER 2006) sprechen heute viele Argumente für eine Zuordnung der Gipse zum tieferen, salinar geprägten Oberen Buntsandstein bzw. zur Röt-Formation.

Montmorillonit: durch Umwandlung in vulkanischen Tonen entstehendes Schichtsilikat

Das Gebiet der Gipskuhle wurde – wie auch der nahe Galgenberg und dessen Umland – mit großem Engagement durch Privatinitiative renaturiert. Der Verein Natur- und Umwelthilfe

intermediäres Gestein: magmatisches Gestein mit einem SiO_2-Gehalt zwischen 52 und 63 Gew.-%. Es liegt damit zwischen basischen Gesteinen (45–52 %) und sauren Gesteinen (über 63 %)

Paläo-Vulkanismus der Unter- und Oberkreide

In Norddeutschland kann in den sehr feinkörnigen (< 0,63 µm Korngröße) Sedimenten der Kreide ein Anstieg des Gehalts an Montmorillonit von 5 % an der Liegendgrenze des Aptiums auf ca. 70 % im Santonium beobachtet werden, wie Proben aus Aufschlüssen u. a. aus Othfresen, Liebenburg und Groß Döhren zeigen. Das Schichtsilikat Montmorillonit ist ein in vulkanischen Tonen (Bentonit) vorkommendes mineralisches, durch Verwitterung entstandenes Umwandlungsprodukt intermediärer bis basischer vulkanischer Tuffe. Es kommt in Form von splittrigen braunen Körnern vulkanischen Glases mit einem Brechungsindex von 1,54 bis 1,6 in den vulkanischen Tonen vor.
Die Tuffzufuhr scheint untermeerisch erfolgt zu sein und fällt zeitlich mit tektonischen Tätigkeiten in der Oberen Unterkreide über den gesamten Zeitraum von Aptium bis Santonium zusammen. In der Kreide wurde der norddeutsche Trog, ein Nordwest-Südost-streichendes Senkungsgebiet mit Tiefen bis 3.000 m, mit Sedimenten aufgefüllt und gleichzeitig in mehreren Phasen durch subkrustale Massenumlagerungen tektonisch gehoben. Dabei drang ein basischer Magmakörper auf, der unterhalb des Trogs nachgewiesen werden konnte. Somit scheint der Vulkanismus ein Bestandteil einer Abfolge von geologischen Ereignissen zu sein, die während der Unterkreide begannen und sich bis in die Oberkreide fortsetzten.
Ein weiterer Hinweis auf den vulkanischen Ursprung der Montmorillonit-Anreicherungen sind dünne Schnüre hellbraunen Tons in den dunkelgrauen Sedimenten des Unteren Albiums. Die Bildung dieser Tonschnüre wird ebenfalls in Verbindung mit vulkanischen Aktivitäten gebracht.
Einhergehend mit der vulkanischen Aktivität ergab sich im Exkursionsgebiet auch eine Veränderung der Konzentration einiger Minerale in den Sedimenten. So stieg die Fe_2O_3-Konzentration im Albium von knapp 6 % auf ca. 9 % an. Die Bildung von zahlreichen Eisen-Geoden zu dieser Zeit, aus denen bei der anschließenden Transgression die Eisenerze der Region entstanden, wurde mit hoher Wahrscheinlichkeit durch diese Änderungen positiv beeinflusst. So könnte die Primärursache für das Vorkommen der Eisenerze im Paläo-Vulkanismus der damaligen Zeit liegen (WIESE et al. 2004).

180°-Panorama der Gipskuhle Othfresen mit Kalkhalbtrockenrasen

Goslar e.V. hat hier die weitgehend zerstörten Kalkhalbtrockenrasenflächen wieder hergestellt. Sie zeigen nun wieder ihre ganze Artenvielfalt.

Blick in die Gipskuhle Othfresen mit freigelegten Gipsköpfen

Ein kurzer Abstecher führt uns zum weiter südlich liegenden Naturdenkmal **Grevelquelle** (**43**), das sich gegenüber einem weiteren Plänerkalk-Steinbruch befindet – wie der Kirschensoog eine episodisch schüttende Karstquelle. Das durch den Plänerkalk fließende Karstwasser erreicht zu bestimmten Jahreszeiten einen so hohen Stand, dass es hier zutage tritt.

basische Gesteine: kieselsäurearme Magmatite (45–52 Gew.-% SiO_2)

Auf den Feldern ringsum finden wir auf unserem Rückweg nach Liebenburg für diese Gegend untypische **Kieselschiefer- und Grauwackengerölle**, die aus dem Harz stammen und wohl von einem Fließgewässer des Innerstesystems im Pleistozän hier abgelagert wurden.

Tuff: vulkanische Auswurfmassen wie Aschen oder Schlacken

Nächstes Ziel ist die **Grube Fortuna** (**44**), ein ehemaliges Eisenerzwerk des Salzgitter-Reviers, das in der Endphase des Bergbaus das größte seiner Art im südlichen Salzgitter-Höhenzug war. Ab 1869 wurden im Tage- und Untertagebau Unterkreide-Trümmereisenerze gefördert. 1959 wurde die Höchstfördermenge von 593.100 t Eisenerz erreicht, bevor die Grube 1963 stillgelegt wurde. Das Fördermaschinenhaus, die Schacht-

Übertagegebäude der Eisenerzgrube Fortuna, Blick von Westen

halle, massive Bunkertürme und kleinere Gebäude sind erhalten – neben den Industriebauten des Rammelsbergs sind es die imposantesten bergbaulichen Gebäuderelikte im Bercich der Quadratmeile.

Ein Abstecher geht zum **Fortuna-Teich** (**45**) westlich des Grubengeländes, einem flachgründigen Klärteich der Grube, in dem sich die Schwebstoffe der Grubenabwässer absetzten, bevor das Wasser erneut in der Erzaufbereitung Verwendung fand. Der Teich ist trocken gefallen und stellt als Vogelschutzgebiet einen wertvollen Sekundärlebensraum dar.

Südlich des Grubengeländes befindet sich am Tagebaurand Fortuna-Süd der nicht einfach zu findende, als Naturdenkmal geschützte **Erzbasisaufschluss Fortuna** (**46**): Brauneisentrümmererze des Braunen Lagers (Hauterivium/Barremium, früher

Trocken gefallener Fortuna-Klärteich

„Neokom“) liegen diskordant auf Unterem Muschelkalk (Wellenkalk).

Der an der südlichen Ortszufahrt von Klein Döhren gelegene **Schroederstollen** (47) wurde 1922–1925 erbaut. Er endet nach 2,2 km Länge mit nur einem Meter Höhenunterschied auf 169 m NHN am Schachtfüllort der Grube Georg-Friedrich in 60 m Tiefe. Der Stollen wurde von beiden Seiten gleichzeitig vorangetrieben und der Durchschlag passte exakt – eine hervorragende Leistung der Markscheider.

Markscheider: bergmännischer Vermessungstechniker

Mundloch des Schroederstollens bei Klein Döhren

Die Arbeitsgemeinschaft Schroederstollen begann 2005 damit, den Stollen wieder aufzuwältigen, und plant ein Besucherbergwerk. Da der Stollen den Sattel vom Turonium der Ostflanke durch den Sattelkern mit Buntsandstein und dann wieder bis zum Turonium der Westflanke in Richtung der Dörntener Erzfelder im Kern des Salzgitter-Höhenzugs querschlägig durchörtert, würde damit das größte erhaltene geologische Profil des gesamten Salzgitter-Sattels teilweise wieder zugänglich.

Auch an der Erdoberfläche können die im Stollen erkennbaren geologischen Schichten z. T. nachvollzogen werden. Dafür fahren wir über Groß Döhren durch das Tal „Hölle“ bergauf zur Mitte des Salzgitter-Sattels. Hier befinden wir uns in einer durch Reliefumkehr entstandenen Mulde am höchsten Punkt des Sattels. In Straßengräben finden sich gelbliche Mergel, die von Glaukonit-Körnern mit schwarzgrüner Färbung durchsetzt sind – der uns bereits bekannte Minimus-Ton des Albiums (113–101 Ma).

Wir folgen dem nach Osten in den Wald führenden Weg bergab. Am **Schneeberg** (48) stehen ältere Rot- (ca. 94 Ma) und Cenomanium-Pläner (101–94 Ma) an. Links des Wegs befindet sich ein **Turoniumpläner-Steinbruch** (49).
Zurück an der Straße, sehen wir am gegenüber liegenden Waldrand bereits die ehemaligen Zechengebäude des **Schachts Georg-Friedrich** (50), wo der Schroederstollen unter Tage endet. An diese Grube waren ein Untertagebetrieb mit zwei Tagesschächten (Glockenbergschacht und Tagesschacht), vier Stollen (Nordstollen, Eisenkuhlenstollen, Sühlbachstollen und Schroederstollen) sowie fünf Tagebaue (Barley, Fastberg, Glockenberg, Eisenkuhle I und II) angeschlossen. Die Gesamtproduktion der Grube beträgt 14 Millionen t Eisenerz, die Restvorräte belaufen sich auf 15 Millionen t.

Panorama der nördlichen Steilwand des Schneeberg-Steinbruchs

Der Eisenkuhlenstollen, der heute – wie auch die anderen Stollen mit Ausnahme des Schroederstollens – verschüttet und unzugänglich ist, schrieb 1945 kurzzeitig Weltgeschichte. Zu Kriegsende wurden hier kurz vor der Betriebseinstellung auf Veranlassung von Wernher von Braun Unterlagen aus der Heeresversuchsanstalt Peenemünde (Rakete V2 u.a.) unter Tage eingelagert. Sie fielen später den einmarschierenden US-Streitkräften in die Hände.

In den stillgelegten Tagebauen Eisenkuhle war einst die Anlage einer Mülldeponie geplant. Dieses Schicksal blieb der Örtlichkeit – bis auf wenige illegale Einlagerungen – erspart, traf jedoch die Grube Morgenstern (siehe unten).

Das Grubengelände wird bis heute als Gewerbestandort genutzt und gibt trotz eines erheblichen Substanzverlusts an historischen Gebäuden noch einen interessanten Eindruck der einstigen Architektur.

Nördlich gegenüber dem Schacht liegt der schon genannte **Tagebau Glockenberg** (**51**) mit einem ehemaligen Aufschluss von Salzgitter-Trümmererzen des Braunen Lagers. In einem teilweise durch eine Hangrutschung verschütteten Profil finden sich Posidonienschiefer und Dörnten-Schiefer (Toarcium), Unteres Aalenium, Hils-Sandstein, Minimus-Ton und Flammenmergel. Der oft besuchte und beschriebene Aufschluss von Trümmererzen ist leider größtenteils der Rutschung zum Opfer gefallen.

Tagebau Glockenberg mit Unterjura-Aufschluss (Lias)

Vom Damm zwischen den beiden weiter südwestlich liegenden **Morgenstern-Teichen** (**52**) hat man einen guten Überblick der Teichlandschaft. Auch sie wurden als Absetzteiche der nahe gelegenen und von 1938 bis 1963 betriebenen Grube Morgenstern angelegt. In den Teichsedimenten sind erhöhte Arsen-Konzentrationen nachweisbar, was auf die geogen bedingt hohen Gehalte des Eisenerzes der Grube Morgenstern an diesem Halbmetall zurückzuführen ist.

geogen: auf natürliche Weise durch geologische Prozesse entstanden

Nordöstlich von uns befinden sich hinter einem Waldstreifen der ehemalige Tagebau der Grube und die darin befindliche **Morgenstern-Deponie** (**53**). Hier wurde in den 1960er Jahren ein Entsorgungsbetrieb für Chemieabfälle nicht ordnungsgemäß geführt und es kam zur illegalen Verklappung größeren

Umfangs von Chemikalien in den offenen Tagebau und den Schacht der Grube. Ein Teil der notdürftig noch zu bergenden Abfälle wurde nach einem mehrmonatigen Großbrand 1971 entsorgt. Auf diesem instabilen Bergschadensgelände hat man dann fahrlässigerweise eine Hausmüll- und Bauschuttdeponie angelegt – beide waren ebenfalls nicht ordnungsgemäß gedichtet. Derzeit wird die Sanierung mit einem erheblichen Aufwand nachgeholt.

Aus logistischen Gründen waren viele der hiesigen Eisenerzbergwerke durch Strecken unter Tage miteinander verbunden, sodass der Erztransport auch im Winter ohne störende Witterungseinflüsse mit einer horizontal betriebenen Grubenbahn stattfinden konnte. So wurde 1959 eine Verbindung zwischen den Gruben Fortuna und Morgenstern auf der 50 m-Sohle geschaffen, und über weitere Stollen existiert eine durchgängige Verbindung zur Grube Anna-Hoffnung bei Liebenburg. In einer Bohrung zur 2. Sohle der Grube Morgenstern wurden 2013 Schadstoffe der Morgenstern-Deponie nachgewiesen – die Grundwasserkontamination hat sich bereits weiträumig verteilt und wurde sogar schon im Schacht Fortuna II nachgewiesen. Da der Bergbau im Gebirge zahlreiche neue Wasserwegsamkeiten geschaffen hat und das Einfallen der Schichten mit ihrem umlaufenden Streichen den Ablauf von Schadstoffen begünstigt, könnten auch umliegende Wasservorkommen gefährdet sein.

Es handelt sich hier aus geologischer Sicht um die problematischste Altlast in der gesamten Quadratmeile – sie kann nur mit geowissenschaftlichem und bergbaulichem Spezialwissen saniert werden und liefert ein gutes Beispiel für den engen Zusammenhang von Geologie, Bergbaugeschichte und Umweltproblemen der Gegenwart. Bis heute hat die Sanierung bereits 20 Millionen € gekostet und es wird noch teurer werden. Hätte man sich dem Problem früher gestellt und gleich nach Bekanntwerden des Skandals mit der Erkundung und Sanierung begonnen, wäre die Maßnahme wesentlich kostengünstiger ausgefallen – wie so oft bei vergleichbaren Umweltprojekten.

Weitere Spätfolgen des Bergbaus

Aufgrund des Rohstoffreichtums der Region hatte der Bergbau in der Quadratmeile stets eine große Bedeutung. Schon vor über 3.500 Jahren begann der bronzezeitliche Kupfererzabbau am Rammelsberg (1) und spätestens vor 2.000 Jahren auch am Salzgitter-Höhenzug. Die hiesigen Spätfolgen des Eisenerzbergbaus der Grube Morgenstern in Form erhöhter Arsengehalte in den Schlammteichen des Höhenzugs und des Missbrauchs durch eine Entsorgungsfirma sind nicht die einzigen kritischen Umwelt-Spätfolgen des Bergbaus, sondern nur die Spitze des Eisbergs. Flächenhaft viel weiter verbreitet sind die Schwermetallbelastungen der Ökosysteme des Harzes und Vorharzes, die durch die montanwirtschaftlichen Aktivitäten des Menschen in Form des Bergbaus und des Hüttenwesens zunächst mobilisiert wurden und dann in die Umweltmedien Boden, Luft und Wasser sowie die Biomasse, d. h. Pflanzen, Tiere und auch den Menschen, gerieten. Hier wurden und werden sie teilweise bis heute angereichert.

Detailaufnahme von drei Schlackebruchstücken, teilweise mit Fließspuren

Die im Verlauf der Bergbaugeschichte stärker werdenden Umwelteingriffe führten aufgrund der wachsenden technischen Möglichkeiten zu immer gravierenderen Auswirkungen auf Natur und Landschaft. Beispiele sind die zahlreichen Abraum- und **Schlackenhalden** (95), Flotations- und **Klärteiche** (96) und eine weit verbreitete Schwermetallbelastung der Oberböden des Oberharzes und Nordharzvorlands sowie der Flussgebiete von Innerste, Leine, Oker, Ecker und Aller und auch der betroffenen Grundwässer.

Ein botanisch interessanter Sekundäraspekt ist die auf den kontaminierten Flächen vorkommende Schwermetallvegetation. Als der Bergbau ihre natürlichen Standorte zerstört hatte, fand die **Schwermetallflora** (97) auf den vom Menschen veränderten Standorten einen Ersatzlebensraum. Sie bildet im Harz die Galmeigrasnelken-Gesellschaft (Armerietum halleri).

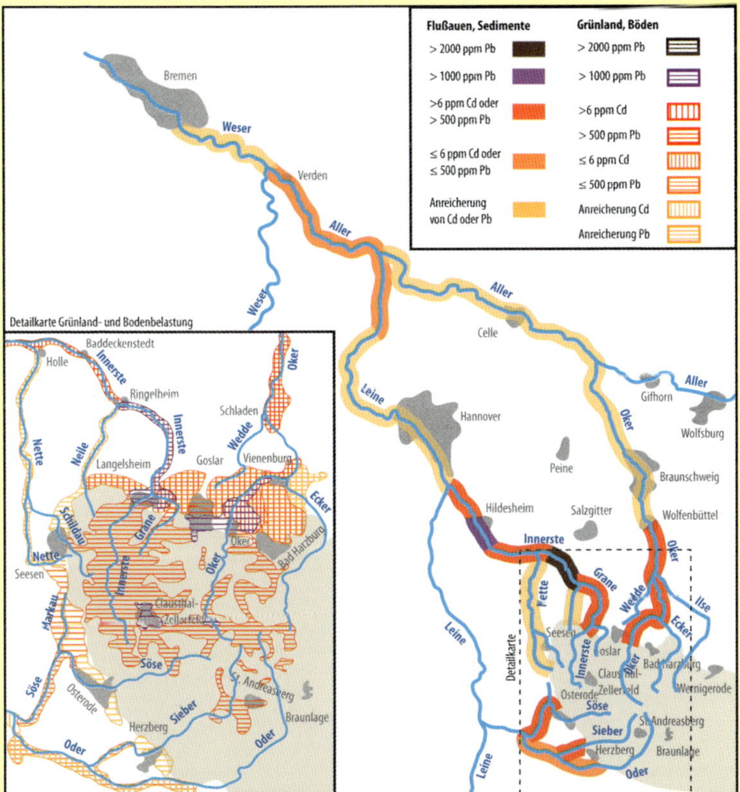

Karte von Stefan Mohr zusammengestellt und verändert nach: KÖSTER u. MERKEL (1985), NOWAK u. PREUL (1971), STADT HILDESHEIM (2008), STADT SALZGITTER (2012), LANDKREIS GOSLAR (2012)

Schwermetallbelastung im Harz, Harzvorland und niedersächsischen Flüssen (zusammengestellt und verändert nach KÖSTER & MERKEL 1985, NOWAK & PREUL 1971, STADT HILDESHEIM 2008, STADT SALZGITTER 2012, LANDKREIS GOSLAR 2012)

Schwermetallstandorte wie die **Schlackenhalde Bredelem** im Naturschutzgebiet Mittleres Innerstetal mit Kanstein (**98**) sind von der FFH (Fauna-Flora-Habitat)-Naturschutzrichtlinie der Europäischen Union erfasst (Lebensraumtyp: Schwermetallrasen *Violetalia calaminariae*) und gehören zu den gesetzlich geschützten Biotoptypen.

Hallersche Grasnelke (Armeria maritima ssp. halleri), Köpfchendurchmesser 12–20 mm, Blütenstiellänge 8–20 cm

Galmeigrasnelken-Gesellschaft auf der Schlackenhalde Bredelem im Naturschutzgebiet Mittleres Innerstetal mit Kanstein

Streifzug 5: Durch den Buntsandstein des Harly-Höhenzugs

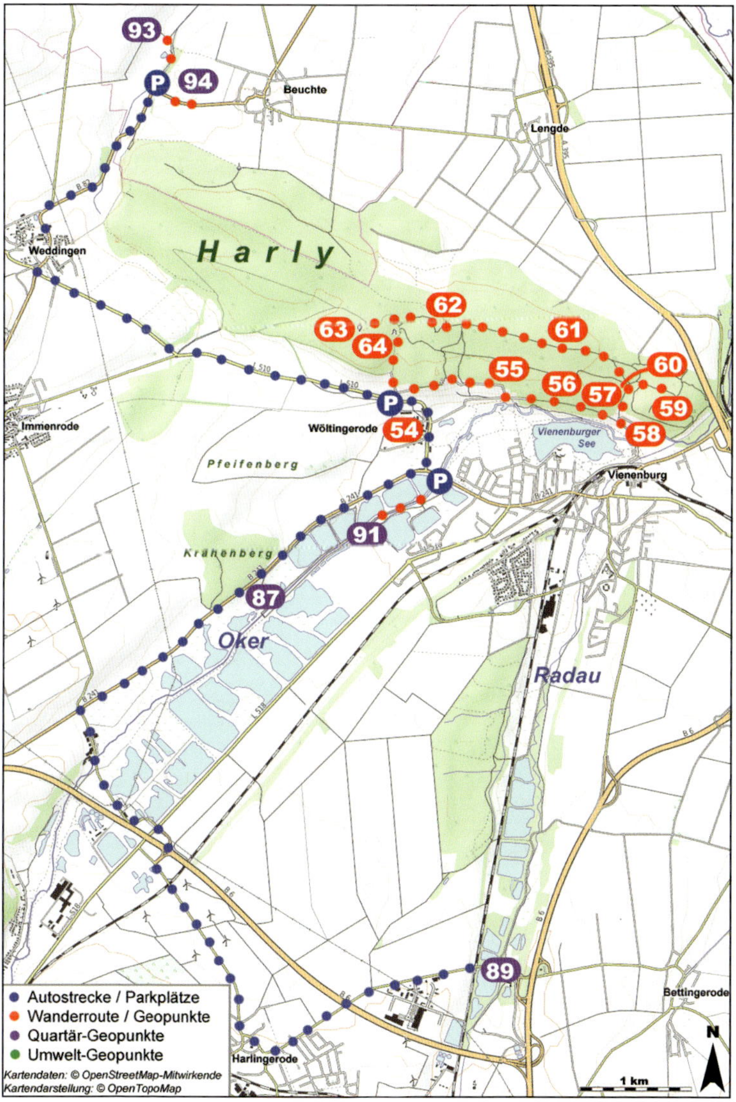

Routenkarte Streifzug 5

Rogensteine des Buntsandsteins sowie Gipse und später in der Geschichte auch die Salze des Zechsteins verliehen dem Harly seine bergwirtschaftliche Bedeutung. Der Abbau dieser Gesteine war auch der Anlass für die geologische Erkundung dieses kleinen, ca. 6 km langen und nur ca. 1 km breiten Höhenzugs, auch als Vienenburg-Sattel oder Vienenburg-Struktur bezeichnet. Der Harly-Berg mit 256 m NHN als höchste Erhebung liegt ungefähr in der Mitte des Sattels. In Querrichtung verlaufen lokale Verwerfungen, die zumeist als Täler morphologisch herausgearbeitet wurden.

vergent, Vergenz: Neigungswinkel und -richtung der Achsenfläche von Falten

Geologisch gesehen ist der Harly ein herzynisch streichender, südsüdwest-vergenter halokinetischer Schmalsattel mit gut entwickeltem Nordflügel und stark gestörtem Südflügel (Südrandstörung). Der Salzstock im Sattelkern führte 1886 zum Aufbau des Kalisalzbergwerks Hercynia – das erste seiner Art in der preußischen Provinz Hannover. Die Wiege des Kalisalzbergbaus der Welt war das nahe gelegene Staßfurt im heutigen Sachsen-Anhalt – hier begann 1857 die Kalisalzförderung.

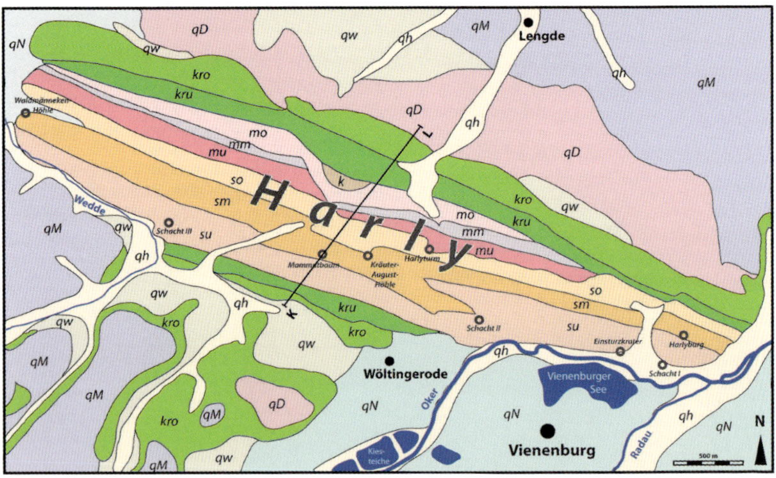

Vereinfachte geologische Karte des Harlys und seiner näheren quartären Umgebung mit Schnitt K-L (siehe Abb. S. 4) (vereinfacht nach LBEG 2016a), Legende siehe S. 135

Das durch eine 1,2 km lange und bis 2,5 m hohe Mauer umfriedete **Kloster Wöltingerode** (**54**) wurde 1174 gegründet. Hier starten wir unsere Rundtour. Die nordwestliche Ecke liegt noch auf der Mittelterrasse der Okeraue; der restliche Klosterbereich erstreckt sich bereits auf der Niederterrasse – dies nicht zuletzt auch wegen der dort sehr guten Möglichkeiten der Wasserversorgung über Flachbrunnen im Schotter der Oker.

Rogenstein und Hils-Sandstein an Türmen und Fenstern der Klosterkirche Wöltingerode

Die Klosterbauten und auch die Außenmauer bestehen weitgehend aus Rogenstein oder Sandsteinen des Buntsandsteins. Hinzu kommt in Tor-, Tür- und Fenstereinfassungen Hils-Sandstein; untergeordnet wurden auch Muschelkalk und grober Okerschotter verarbeitet. Am Parkplatz Klosterkrug kann man in der Klostermauer eindrucksvolle Rogensteinblöcke finden, ebenso Fragmente von Stromatolithen.

Stromatolithen

Als Stromatolithen werden schüsselförmige Kalksteinbildungen bezeichnet, die von koloniebildenden Cyanobakterien geformt werden. Die Mikroorganismen gehören aufgrund ihrer Fähigkeit, Kalk aus dem Meerwasser auszufällen, zu den Riffbildnern. Durch ihre lagigen Ausscheidungen wachsen sie in die Höhe, wodurch die charakteristischen konvex gewölbten Strukturen entstehen. Stromatolithen besitzen eine runzelige Oberfläche und können einen Durchmesser von bis zu 1 m erreichen. Sie gehören zu den ältesten Zeugnissen des Lebens auf der Erde und treten seit mindestens 3.500 Ma auf, d.h. sie sind Durchläufer oder „lebende Fossilien“. Rezente Vorkommen existieren u.a. in der Shark Bay, Australien.

rezent: heutig, aktuell

Hangaufwärts liegt nördlich von uns ein ehemaliges Forsthaus, über dessen Zufahrtsstraße wir unseren Weg fortsetzen. Der etwa 600 m tiefe Schacht II der Grube Hercynia wurde 1894–1897 abgeteuft und erschloss ab 1899 als Hauptförderschacht Tiefbausohlen im Bereich von 132–441 m unter Tage auf rund 4 km Länge. Dabei wurde Zechstein der Serien Z1 (Werra-Serie) bis Z4 (Aller-Serie) mit Kalisalzen in hervorragender Qualität

Rogensteine des Buntsandsteins in der Wöltingeroder Klostermauer

zugänglich. In den Übertageanlagen befand sich zunächst eine Kalisalzfabrik, in der geförderte Rohsalze zu hoch konzentrierten Kaliprodukten aufbereitet wurden. Später wurde zur Verarbeitung der Carnallitit-Salze eine Düngemittelfabrik in Langelsheim gebaut, um die Produktion weiter zu steigern – sie verursachte die im Streifzug 2 beschriebenen Laugenprobleme im Karstwasser des Innerstetals.

Am nördlichen Rand des Schachtgeländes befindet sich ein **Buntsandsteinaufschluss** (**55**) mit einer Gedenktafel der Deutschen Geologischen Gesellschaft für den Salineninspektor Albert Schloenbach – ein Pionier, der sich um die geologische Erforschung des Harlys verdient gemacht hat.

Buntsandsteinaufschluss am Schacht II

Nördlich des Vienenburger Sees verlassen wir den Hercyniaweg und gehen auf einem schmalen Pfad steil bergauf nach Norden, um bald den Querschlag eines kleineren, aufgelassenen Steinbruchs zu erreichen.

Querschlag: bergmännischer Ausdruck für seitwärts abzweigende (Quer-) Stollen bzw. Querstrecken

Schichtung der Sedimentpakete im südlichen Steinbruchquerschlag

Wir befinden uns in der Hauptrogensteinzone des Harlys mit lang gestreckten, relativ schmalen und zum Teil bis 20 m tiefen **Buntsandstein-Steinbrüchen** (**56**), in denen sich instruktive Beispiele von Wellenrippeln und Schrägschichtungen finden.

links: Wellenrippel auf Buntsandstein-Schichtflächen

unten: Schrägschichtung im Buntsandstein

Schrägschichtungen

Wenn sich Sedimentpartikel sammeln und diagenetisch verfestigen, entstehen Sedimentgesteine. Im einfachsten Szenario verlaufen sie parallel zum Horizont. Oft weichen Sedimentschichten aber von dieser Parallele ab und verlaufen verwinkelt zum Horizont, da sich die Sedimentpartikel an der Leeseite eines Hindernisses sammeln. In diesem Fall spricht man von Schrägschichtungen. Die einzelnen Schichten unterscheiden sich durch Variationen z. B. in Farbe, Partikelgröße, Ausrichtung von länglichen bzw. gestreckten Partikeln, Partikelbeschaffenheit und -zusammenstellung. Diese Variationen resultieren aus veränderten Ablagerungsprozessen, Ursprungsorten und Umweltbedingungen.

Bildung einer Schrägschichtung: 1. Sedimentpartikel werden auf der Luvseite z. B. einer Düne durch Wind- oder Wellenbewegungen abgelegt, bis die angesammelte Menge einen kritischen Punkt überschritten hat. 2. Die Sedimente rutschen auf der Leeseite der Düne ab und lagern sich dort an. 3. Dieser Ablauf wiederholt sich, wobei jede neue Schicht die vorherige überlagert und erhält.

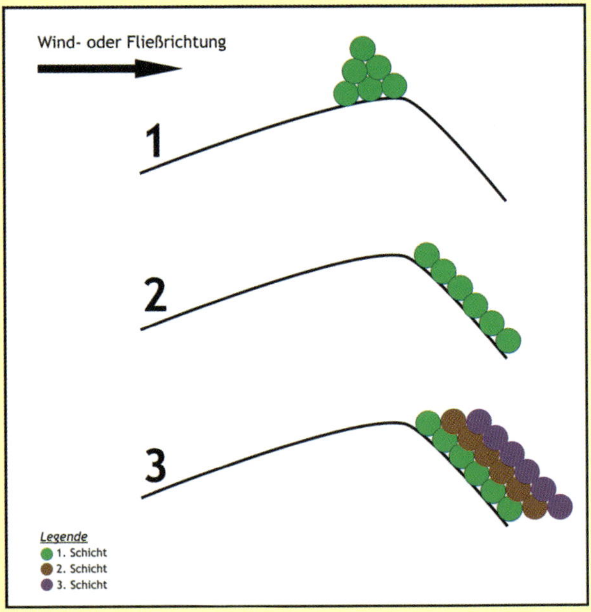

Wenn in übereinanderliegenden Sedimentschichten die Schrägschichtungen unterschiedlich orientiert sind, werden Schrägschichtungen zu Kreuz- oder Diagonalschichtungen. Diese zeigen an, dass sich die jeweiligen Strömungsverhältnisse, unter denen die Sedimente abgelagert wurden, verändert haben und mit ihnen die Neigungswinkel und -richtungen der Sedimentablagerung. Ein gutes Beispiel dafür zeigt auch die untere Abbildung auf S. 90 beim Geopunkt **68**.

Schrägschichtungen sind ein Abbild ihrer Zeit. In den fein- und grobkörnigen Sedimenten haben sich die zum Zeitpunkt ihrer Ablagerung und Verfestigung jeweils herrschenden Umweltbedingungen für geologische Zeiträume fixiert. So lässt sich aus den Schichtungen z. B. ablesen, ob sich die Sedimente im Wasser oder an Land angesammelt haben und wie die Windverhältnisse gewesen sind: War es stürmisch oder windstill und welches war die vorherrschende Windrichtung? Schrägschichtungen kommen in allen Größenordnungen vor, von wenigen Zentimetern bis hunderten von Metern Breite bzw. Länge.

Weiter nördlich hangaufwärts befindet sich der eigentliche, lang gestreckte Steinbruch mit seiner mehr als 8 m hohen Abbauwand am westlichen Ende in mit ca. 40° NNE einfallenden Schichten des Unteren Buntsandsteins. Aufgeschlossen ist eine Wechsellagerung von Sand- und Rogensteinen. An der südlichen Flanke des Bruchs ist im Rogenstein eine mit Wellenrippeln bedeckte Schichtfläche aufgeschlossen, die zahlreiche Stromatolithen zeigt. Offenbar sind sie gemeinsam mit den Oszillationsrippeln entstanden. Der hier wie auch an anderen Stellen im Harly abgebaute Rogenstein kam in zahlreichen Sakral- und Profanbauten der Region zum Einsatz.

Zurück auf dem Hercyniaweg geht es weiter ostwärts und wir erreichen das Gelände des Schachts I (Neubauer-Schacht) der Kaligrube. Hier führte eine fündige Bohrung 1881 zur Gründung der Gewerkschaft Hercynia. 44 Jahre war die Grube in Betrieb, bis 1930 ihr Schicksal besiegelt wurde. Am teilweise verfüllten **Einsturzkrater** nahe Schacht I (57) können wir die Dimension des katastrophalen Wassereinbruchs erahnen, der hier am 8. Mai 1930 stattfand. Grundwässer aus dem Deckgebirge gelangten in das Grubengebäude und ließen das ganze Bergwerk absaufen. Es entstand ein exemplarisches Bergschadensgebiet und zugleich das eindrucksvollste Beispiel dieser Art im Bereich der gesamten Quadratmeile mit internationaler Bedeutung, denn es handelte sich seinerzeit um eines der ersten Absaufereignisse dieser Art weltweit. Die Preußische Geologische Landesanstalt in Berlin konnte daraus wichtige Erfahrungen sammeln (FULDA 1937). Der Fall Asse – nicht weit entfernt – zeigt allerdings, wie schnell geologische und bergmännische Erfahrungen vor vermeintlichen Sachzwängen wieder in den Hintergrund treten können.

Hinweistafel auf Bergschäden am Einsturzkrater nahe Schacht I

Das auf Privatgrund gelegene Gelände des **Schachts I** zeigt im Hintergrund eine eindrucksvolle, rot leuchtende Wand aus Gesteinen des Unteren Buntsandsteins (**58**).

Ein Abstecher führt uns auf die allseitig abfallende Erhebung am Ostende des Harlys, die aus Schichten des Mittleren und Unteren Buntsandsteins aufgebaut ist. Hier ließ Kaiser Otto IV. 1203–1204 die mit einem Ringwall umgebene **Harlyburg** (**59**) erbauen. Sie wurde 1291 bei einer Belagerung wieder zerstört – heute sind nur noch wenige Grundmauern erhalten.

Zurück von der Harlyburg gehen wir ca. 30–40 m den Lerchenweg aufwärts und erreichen einen kleinen **Gipssteinbruch** (**60**) mit Rötgips (243–244,5 Ma, Oberer Buntsandstein), der sich auf der rechten Seite des Weges nach Norden in den Hang hineinzieht. Der Gips wurde gebrannt und als Zuschlagstoff bzw. Gipsmörtel verwendet oder direkt verarbeitet – „Alabaster von Wöltingerode" wurde bereits 1571 erwähnt und in zahlreichen kleinen Brüchen im Harly gewonnen.

Gault: veraltete Stufenbezeichnung für die obere Unterkreide

Nun geht es über den nördlich liegenden Kammweg auf dem Harlyrücken in Richtung Westen. Dieser Bereich ist aus Sandsteinen der oberen Unterkreide („Gault") und Flammenmergeln aufgebaut. Südwärts von uns befinden sich die Schichten des Rötsalinars mit Erdfällen und nach Norden hin stehen Rotpläner und Cenomanium-Kalke an.

Beim **Findling am Gottschedplatz** (**61**) angekommen befinden wir uns im Wellenkalk des Harlys. Hier liegt in anthropogener Sekundärlage, d. h. vom Menschen hier platziert, ein heller, stark gerundeter nordischer Granitfindling. Nahe dem Platz

Findlingsdenkmal am Gottschedplatz

springt der Untere Muschelkalk an einer Querstörung nach Norden zurück, sodass die Harly-Kammlinie gegen Norden verbogen erscheint.

Vorbei am östlich gelegenen **Harlyturm** (**62**) mit Blick über das Harzvorland bis zum Brocken erreichen wir den **Mammutbaum** (**63**) der Art *Sequoiadendron giganteum*. Er ist ein Überbleibsel einer 1880 durchgeführten Pflanzung dieser in den kalifornischen Kordilleren verbreitet vorkommenden Baumart – Pflanzungen solcher Art waren damals reichsweit in Mode. Daran erinnert ein Gedenkstein für Forstdirektor Dr. Heinrich Christian Burckhardt.

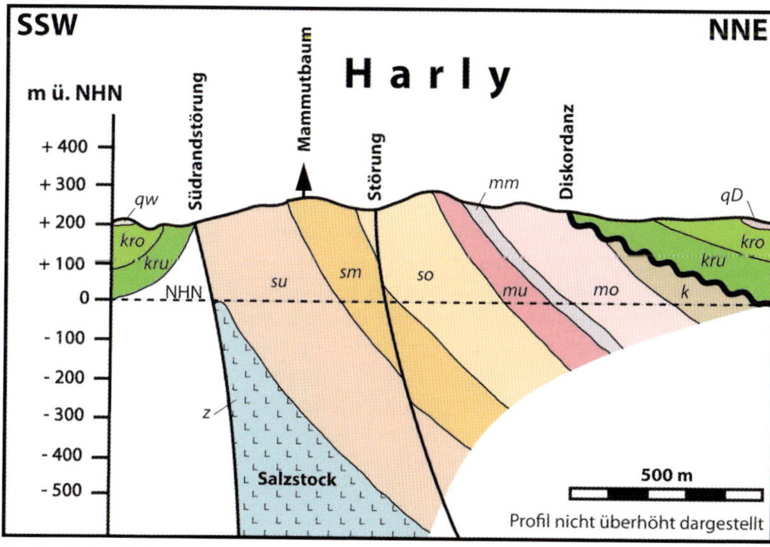

Geologischer Schnitt auf der Linie K-L (siehe Abb. S. 4) auf Höhe des Mammutbaums (nach FRANK et al. 1985), Legende siehe Abb. S. 135

Zurück auf dem Hauptweg geht es im Bärental abwärts zur **Kräuter-August-Höhle** (**64**), um die sich die Sage vom Kräuter-August rankt – einen Einsiedlers, der durch den Verkauf von Kräutern seinen Lebensunterhalt verdient und in der Höhle gelebt haben soll. Die ca. 10 m lange Höhle liegt im hinteren Teil eines kleinen Buntsandsteinbruchs mit nach Nordosten einfallender Schichtung. Wie das am westlichen Ende des Harlys gelegene Waldmännekenloch ist sie keine Naturhöhle, sondern entstand durch Abbau des dickbankigen Mittleren Buntsandsteins (Solling-Folge). Am Eingang erkennt man neben künstlichen Bearbeitungsspuren auch Wellenrippel und Schrägschichtungen.

Wellenrippel am Mundloch der Kräuter-August-Höhle, einem künstlich angelegten Sandsteinabbau

Entlang einer Verwerfungslinie folgen wir dem Taleinschnitt weiter abwärts und gelangen so zurück zum Kloster.

Empfehlenswert ist der Besuch des Vienenburger Bahnhofs und seines zugehörigen Bahnmuseums – es ist das älteste erhaltene Bahnhofsgebäude Deutschlands und wurde an einer ehemals wichtigen West-Ost-Strecke errichtet, die durch die deutsche Teilung gekappt worden ist.

Streifzug 6: Elfenstein und Solequelle – Bad Harzburg und Umgebung

Bad Harzburg ist neben Goslar das zweite geologische Zentrum der Quadratmeile mit zahlreichen klassischen Aufschlüssen. Die Stadt liegt am nördlichen Rand des Harzes, der Südgrenze des Subherzynen Beckens und somit direkt auf bzw. an der Harznordrand-Störung. Geologisch ist die Region im Süden dem gefalteten Paläozoikum, im Norden vorwiegend Trias, Jura und Kreide zuzuordnen.

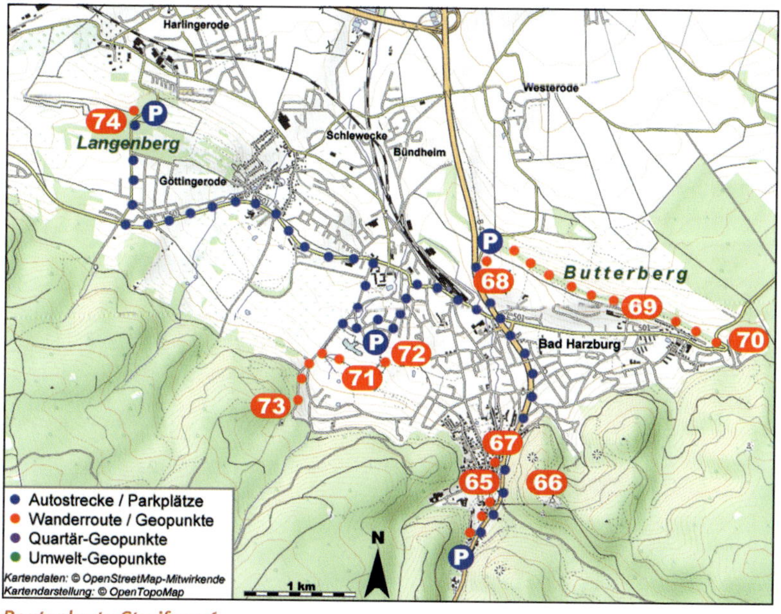

Routenkarte Streifzug 6

Wir beginnen unseren Streifzug am **Haus der Natur** (65) im Kurpark von Bad Harzburg. Über geologische Literatur im Shop hinaus bietet das Haus schwerpunktmäßig eine interaktive Dauerausstellung zum Thema Harzwald an.

Unmittelbar neben dem Haus der Natur liegt die Talstation der Seilbahn, mit der man in wenigen Minuten auf den **Großen Burgberg** (66) fahren kann, wo die Ruine der historischen Harzburg steht. Hier hat man einen hervorragenden Blick über das

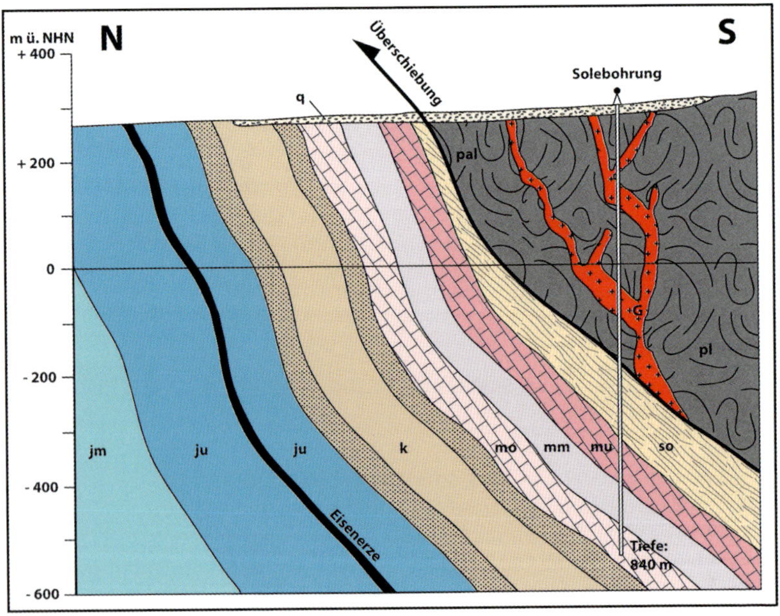

Geologischer Schnitt durch Harznordrand-Störung und Solebohrung bei Bad Harzburg entlang Linie M-N (siehe Abb. S. 4) (nach SCHNEIDER 1966), Legende siehe Abb. S. 135

Panoramablick vom Großen Burgberg

Harzvorland, die Aufrichtungszone und einen Teil des Subherzynen Beckens im Herzen der Quadratmeile – gut erkennt man die Schichtrippe des Butterbergs (**69**), den Harly-Sattel (Streifzug 5), den Sudmerberg bei Goslar (**5**, Streifzug 1) und den Großen Fallstein in Sachsen-Anhalt.

Zurück an der Talstation der Seilbahn liegt wenige hundert Meter weiter nördlich direkt an der B 4 das Bad Harzburger **Schacht- und Quellenhaus** (**67**). Zwar lässt es sich nur kartographisch nachvollziehen, doch stehen wir hier recht genau auf der Harznordrand-Störung. Während wir uns am Schacht- und Quellenhaus noch auf mesozoischem Untergrund befinden, steht hinter der Betonmauer auf der gegenüberliegenden Seite der B 4 aufgrund einer Störungszacke (siehe Abb. S. 94) schon das Paläozoikum an. Gesteine des Erdaltertums liegen hier unmittelbar neben jüngeren Gesteinen mesozoischen Alters – relativ gehoben wohl um über 7.000 m.

Schacht- und Quellenhaus mit Trinksole-Bohrungen

Bereits Herzog Julius zu Braunschweig-Lüneburg erschloss 1569–1575 die erste

Bad Harzburger Sole

Die Schichten der Harznordrand-Flexur sind unter Bad Harzburg überkippt und fallen mit ca. 40°–55° nach Süden ein. Daher überlagern an der Überschiebung paläozoische Harzgesteine die jüngeren mesozoischen Gesteine des Harzvorlands. Dieser geologischen Position verdankt Bad Harzburg seine berühmte Sole-Therme. Die heilkräftige Natur-Sole sprudelt aus dem Untergrund der rund 840 m tiefen Dr.-Harras-Schneider-Quelle. Die Solebohrung traf die Harznordrand-Überschiebung in einer Tiefe von 488 m an. Bis 620 m wurden rote und grüne Tonsteine des Oberen Buntsandsteins durchbohrt und bis zur erreichten Endteufe bei 840 m folgten hellgraue Kalk- und Mergelsteine des Muschelkalks – hier tritt die Sole ins Bohrloch ein. Der Kalk ist infolge der Bewegungen entlang der Überschiebung intensiv geklüftet. Nach Isotopen-Untersuchungen der Sole stammt ihr Mineralgehalt aus Salinargesteinen des Zechensteins, die hier nur unter Tage anstehen.

Isotope: Atomkerne eines Elements mit unterschiedlicher Massenzahl (Gewicht)

Solequelle exakt auf dieser Harznordrand-Überschiebung am Fuß des Kleinen Burgbergs zur Salzgewinnung. Die Sole entstammt den hier im Untergrund anstehenden Zechsteinsalzen.

Spurenfossilien in der Bad Harzburger Friedhofsmauer: Fress- und Wohnbauten von Würmern

Schrägschichtung in Steinen der Bad Harzburger Friedhofsmauer

Im Schacht- und Quellenhaus befindet sich die 1907 abgeteufte Bohrung der Herzog-Johann-Albrecht-Quelle – eine der beiden Solequellen, die Bad Harzburg zu einem Heilbad machen. Die im Nachbargebäude geförderten Wässer werden bei Trinkkuren verabreicht. Zwei der fluoridhaltigen Natrium-Chlorid-Wässer aus diesen Quellen werden noch heute in der Trink- und Wandel-

Fossile Umweltindikatoren

Aus Fossilien lassen sich zahlreiche Rückschlüsse ziehen, z. B. auf das geologische Alter der Sedimente, die Umweltbedingungen zur Zeit der Fossilisation oder auch die Evolutionsstufen von Organismen.
Grundsätzlich kann jeder lebende Organismus zum Fossil werden – sowohl Eukaryoten wie Pflanzen und Tiere als auch Prokaryoten wie Bakterien. Der Prozess der Fossilisation von organischer Materie kann allerdings nur dann stattfinden, wenn ein Organismus sofort nach seinem Tod in die sauerstofflose Umgebung eines geeigneten Substrats gelangt. So kann z. B. ein Flusskrebs von Schlamm und Sand begraben oder ein Insekt in Harz eingeschlossen werden. Knochen können auch unter Anwesenheit von Sauerstoff z. B. in Höhlen erhalten bleiben – hier ist das geochemische Milieu entsprechend geeignet.
Nicht nur physische Relikte können fossilisiert werden (Körperfossilien). Auch die Spuren, die lebende Organismen hinterlassen, können erhalten bleiben (Spurenfossilien). Ein Beispiel dafür sind Wurmgrabgänge (siehe Abb. S. 90 oben).
Fossilien, die geografisch weit verbreitet und auf einen schmalen vertikalen Bereich eingeschränkt sind sowie gleichzeitig eine bestimmte geologische Zeit charakterisieren, können als Leitfossilien dienen. Durch ihr Vorkommen können Sedimentschichten verschiedener Regionen miteinander verglichen und in Beziehung zueinander gesetzt werden (Biostratigraphie).

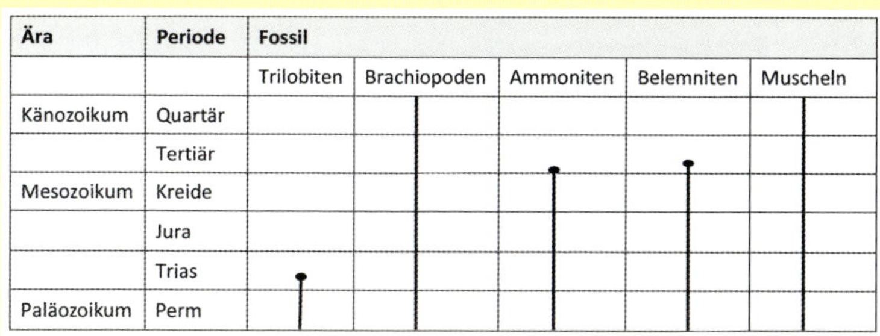

Auswahl regional relevanter Leitfossile (Punkt: Zeitpunkt des Aussterbens). Diese grobe Einteilung wird noch differenziert, z. B. im Fall der Muscheln, die sich aufgrund ihrer zeitlichen Verbreitung auf den ersten Blick nicht als Leitfossilien eignen. Bestimmte Muschelarten lassen sich jedoch eindeutig definierten Zeiten zuordnen.

Geochemie: Interdisziplinäres Fachgebiet zwischen Geo- und Biowissenschaften, das sich mit stofflichem Aufbau, Verteilung, Stabilität und Kreislaufprozessen von chemischen Elementen und deren Isotopen in Mineralen, Gesteinen, Boden, Wasser, Erdatmosphäre und Biosphäre befasst

halle im Badepark der Stadt ausgeschenkt. Der wichtigste Quellschacht befindet sich jedoch am Solebad nahe dem Haus der Natur. Hier wurde 1965 eine Thermal-Schwefel-Sole erschlossen. Die Bohrung reicht bis zu den Schichten des Muschelkalks (ca. 240 Ma) hinunter. Ein geologisches Profil der durchbohrten Schichten ist in der Eingangshalle des Julius-Thermalbads im Kurpark zu sehen. Führungen sind nach Anmeldung möglich (Horst Woick, info@woick-wandern.de).

Am weiter nördlich liegenden **Friedhof von Bad Harzburg** (**68**) lohnt ein Blick auf die hier verbauten Steine der straßenseitigen Außenmauer. Sie stammen aus Steinbrüchen der Umgebung, z.B. am nahen Butterberg oder am Scharenberg bei Schlewecke, in denen der Kalksandstein des Santoniums (Sudmerberg-Formation, Oberkreide, ca. 84 Ma) abgebaut wurde. Man erkennt gut erhaltene fossile Relikte wie zerbrochene Muschelschalen, Ammonitenreste, Seeigelstacheln und gefüllte Wurmröhren (Spurenfossilien). Die meisten Fossilien stammen aus dem Meer der Oberkreide, das aber während der letzten Oberkreide-Transgression auch ältere Schichten in der Brandung zerschlug, wodurch auch jurassische Bio- und Lithoklasten in die Oberkreide-Schichten umgelagert wurden. Zu sehen sind auch gut ausgebildete Schrägschichtungen.

Streichen der steil stehenden Schichten auf dem Kammweg des Butterbergs

Der etwas weiter nördlich beginnende **Kammweg des Butterbergs** (**69**) zeigt in seinem Verlauf auf einer Härtlingsrippe steil stehende santonische Kalksandsteine, die lithostratigraphisch zur Sudmerberg-Formation gehören. Charakteristisch sind Lithoklasten, auch aus dem Harz, und Gerölle wie Phosphorite und Eisenstein-Konglomerate. Im östlichen Teil des Subherzynen Beckens wird diese Einheit durch die Heidelberg- und Salzberg-Formation vertreten.

Der Butterberg ist wegen seiner Flora Teil eines Naturschutzgebiets – der Weg darf also nicht verlassen werden. Doch der 2,5 km lange Kammweg zeigt alles, was geologisch relevant ist. Auf beiden Seiten sieht man immer wieder lang gestreckte Mulden. Hier waren ehemals kleine Steinbrüche in Richtung des Streichens der Schichten in Betrieb. Auf dem Weg selbst sind an zahlreichen Stellen wegeparallel verlaufende, steil stehende Santonium-Schichtköpfe aufgeschlossen.

Härtlingsrippe: aufgrund seiner Widerstandsfähigkeit gegenüber Abtragung aus der Umgebung herausragender, längsförmiger Berg oder Erhebung

Am Ostende des Butterbergs erreichen wir in der Verlängerung des Bergkamms östlich der Straße nach Eckertal die **Wolfsteinklippen** (70). Die lang gestreckte Klippenreihe befindet sich auf Privatgrund, aber am Straßenrand sind die grauen, sandigen Mergel und Konglomerate des Santoniums ebenfalls gut aufgeschlossen.

Der Butterberg, der die Aufrichtungszone markiert und bis hierher immer parallel zum Harzrand verlief, wird an dieser Stelle spitzwinklig von Harzpaläozoikum abgeschnitten. Die Harznordrand-Störung verlässt östlich der Stadt ihre bisherige Nordwest-Südost-Richtung und verläuft vorübergehend entlang einer Ostnordost-Westsüdwest-Linie. Die Ausstrichlinie der Santonium-Schichten behält ihre Richtung jedoch bei.

In Fortsetzung des Störungsverlaufs setzt sich vom Kurpark Bad Harzburg aus eine bedeutende Störung nach Südosten in den Harz hinein fort (siehe Abb. S. 94). Sie bildet die Nordgrenze des Harzburger Gabbromassivs und der Eckergneis-Scholle. Durch diesen Wechsel in der Streichrichtung der Harzrandstörung bedingt, greift das Harzpaläozoikum tief in das Vorland hinein. Die älteren Schichten der Aufrichtungszone werden völlig unterdrückt und es grenzen im Bereich des Wolfsteins und östlich davon karbonische Gesteine unmittelbar an die hier fast flach liegenden Oberkreide-Schichten. Diese „Zacke" im Verlauf der Harzrandstörung wird als Schimmerwaldvorsprung bzw. -sporn bezeichnet und unterschiedlich interpretiert. Die meisten Bearbeiter deuten den Schimmerwaldsporn als Folge von Diagonal- und Querstörungen, welche die Harznordrand-Störung bogenförmig nach Norden ausgebuchtet haben. Ein ähnlicher Sporn ist der Benzingerode-Vorsprung östlich von Wernigerode.

Gneis: metamorphes Gestein mit > 20 % Feldspat

Der nächste Punkt unseres Streifzugs ist die 1963 stillgelegte **Grube Friederike** (71). Hier wurden sedimentäre Brauneisenerze aus dem Lias (Unterjura, ca. 200 Ma) in überkippter Lage-

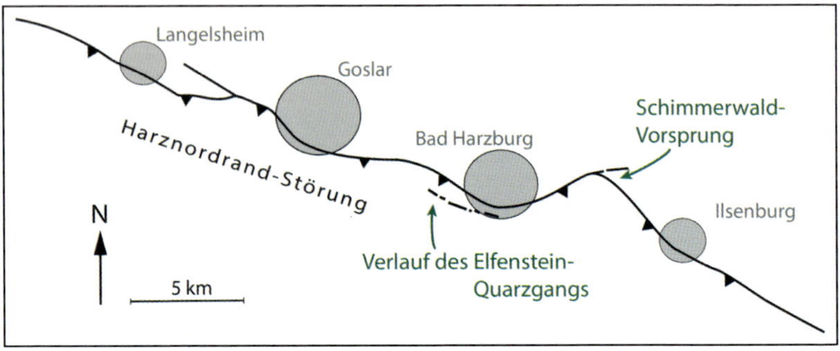

Harznordrand-Störung mit Schimmerwald-Zacke und Elfenstein-Quarzgang (siehe Geopunkt 73) (ergänzt nach FRANZKE & MÜLLER 2012: Abb. 5)

rung bis zu einer Teufe von 408 m abgebaut. Die Erzlager waren bis zu 2 m mächtig und hatten eine streichende Länge von ca. 1.400 m. Sie wurden von einer ca. 140° streichenden Fiederstörung postunterkretazischen Alters abgeschnitten, der sogenannten „Keuperstörung“. Das oolithische Eisenerz enthielt ca. 30 % Fe und war in litoraler Fazies, d. h. in einem flachen, küstennahen Meeresteil, abgelagert worden. Das Eisen selbst stammte aus der Aufarbeitung und Zersetzung älterer Gesteinsschichten auf dem nahen Festland. In dieser Grube fanden sich viele, z. T. sehr große Ammoniten aus dem Jurameer, die u. a. im Institut für Geologie und Paläontologie der TU Clausthal ausgestellt sind. Etwa 18 Millionen t Eisenerz liegen noch unverritzt in der Teufe.

Verritzung: bergmännische Veränderung

Bruchfeld: instabiles Gebirge über Altbergbau

Pingen: durch bergmännische Schürfarbeit entstandene Bodenvertiefung

Heute ist die ehemalige Grube Friederike nur noch an ihrem Bruchfeld auszumachen, das zu einem Tiergehege umgewandelt worden ist. Die Pingen und Bergwerkshalden sind überwachsen, doch man erkennt lang gezogene Mulden parallel zur Streichrichtung der abgebauten Eisenerzlager.

Am südlichen Zaun eines Firmengeländes befindet sich am Bad Harzburger Ringwanderweg ein **Förderwagen** (72), der hier symbolisch für die stillgelegte Grube Friederike steht und Nebengestein vom Streckenvortrieb enthält, also nicht das ortstypische oolithische Eisenerz. Die links und rechts des Förderwagens liegenden großen Gesteinsbrocken von Eisenoolith hingegen wurden zwar vom Steinbruch Langenberg (siehe Geopunkt 74) hierher transportiert, sind aber von ihren Charakteristika jenem Eisenerz ähnlich, das früher in der Grube Friederike gefördert wurde.

Weiter geht es in südwestlicher Richtung. Auf dem Weg zum **Elfenstein-Quarzgang** (73) fallen zahlreiche Quarz-Blöcke auf. Bald erreichen wir einen Steinbruch mit instruktiven Aufschlüssen dieses Ganges. Wir haben nun die Nordharz-Aufrichtungszone verlassen und befinden uns im Harzpaläozoikum. Weiter oberhalb kommen wir am „Harzburger Fenster" mit gutem Blick auf Bad Harzburg vorbei.

Elfenstein-Quarzgang, Detail

Der Elfenstein selbst ist ein als Härtling herauspräparierter Teil des Quarzgangs mit bis zu 30 m Mächtigkeit auf ca. 420 m NHN. Der Quarz ist weißlich grau, stellenweise trüb; Eisenminerale führen örtlich zu Verfärbungen. Der Quarzgang wird als Abkömmling des postkinematischen Okergranits aus dem frühen Perm interpretiert. Bemerkenswert ist sein Verlauf, der vom Schniggental bis zum Gläsekental auf rund 3 km parallel zur Harznordrand-Störung streicht und so die Existenz dieser tektonischen Richtung schon im ausgehenden Paläozoikum belegt, als der Zerfall von Pangäa begann. Oben auf diesem Felsen befindet sich ein Aussichtspunkt mit Fernblick über Teile von Bad Harzburg, das nördliche Harzvorland und Abschnitte des Subherzynen Beckens.

postkinematisch: auf die Zeit nach einer tektonischen Bewegung bezogen

Pangäa: infolge der Plattentektonik entstandener, alle heutigen Kontinente umfassender Großkontinent

Woher der Elfenstein seinen Namen hat

Schon 1578 wurde der Felsen erstmals schriftlich erwähnt, damals noch als „Elwenstein". 1937 beschäftigte sich der Heimatforscher Richard Wieries mit dem Felsen und interpretiert den Namen als „Stein, in dem Elfen hausen". Die Menschen des Mittelalters stellten sich vor, dass dort Feen und Elfen lebten. Welche andere Erklärung sollte es für die Existenz dieses herausragenden, mächtigen Felsbrockens für gläubige Menschen sonst geben? Geologie im heutigen Sinne kannte man damals noch nicht und fand daher oft Erklärungen für Naturphänomene, die uns heute kurios erscheinen, aus damaliger Sicht aber folgerichtig waren. So spielten die Elfen auch in den regionalen Hexenprozessen eine Rolle.

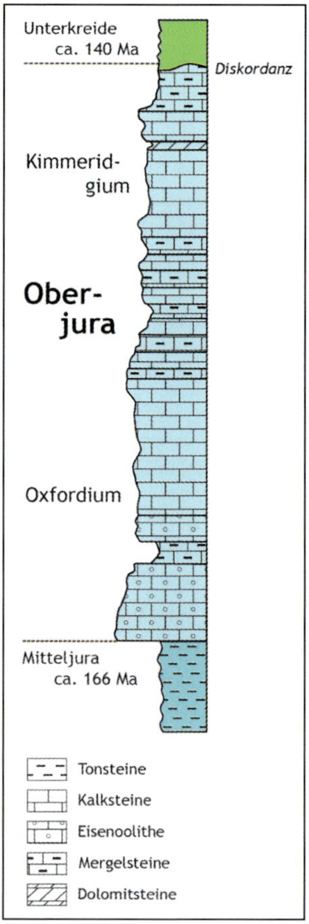

Schichtenprofil am Langenberg-Steinbruch (aus KRÜGER 2006 nach LOOK 1985)

Es folgt einer der interessantesten Geotope der Quadratmeile: der **Steinbruch Langenberg** (74). Er gehört noch zur Südflanke des Subherzynen Beckens. Durch die relative Härte seines Gesteins wurde der Langenberg als Höhenrücken und Schichtrippe herauserodiert. Schaut man nach Süden auf die Harzberge, erkennt man weichere, konkave Landschaftsformen – hier stehen braune Dogger-Tone an (ca. 174–164 Ma).

Der Steinbruch zeigt eindrucksvoll die Auswirkungen der Tektonik der Harznordrand-Störung in Form der Aufrichtungszone: weiße, schräg nach Süden geneigte Kalkstein-Schichtflächen stehen extrem steil. Die Schichtfolge wurde verbogen, aufgerichtet und überkippt, sodass die Schichten überwiegend mit ca. 60–70° nach Süden einfallen. Die Kalksteine sind massig, meist feinkörnig und in Wechsellagerung mit Mergelsteinen des Unteren und Mittleren Malms (ca. 157–145 Ma) abgelagert. Die Abfolge vom Unteren Korallenoolith (ca. 155 Ma) bis zum Oberen Kimmeridge (ca. 152 Ma) ist nahezu lückenlos aufgeschlossen.

Örtlich – allerdings nicht mehr im Aufschluss sichtbar – sind kalkreiche limonitische Eisenoolith-Bänke in den Unteren Korallenoolith eingeschaltet. Sie wurden bis 1960 in der nahen Grube Hansa in Harlingerode abgebaut.

Die Kalksteinbänke sind reich an Fossilien nicht nur von Wirbellosen, sondern auch von Wirbeltieren. So finden sich hier z. B. Schwämme, Armfüßer, Schnecken, Muscheln, Seelilien, Seeigel, Schildkröten, Haie u. v. m. Auch viele Grabgänge sind sichtbar. Ungewöhnlich ist das fast vollständige Fehlen von Ammoniten in den Kalksteinen – in den Eisenoolith-Bänken sind Ammoniten jedoch durchaus häufig zu finden. Mehrere Exemplare, teils von Wagenradgröße, sind heute in der Geosammlung der TU Clausthal ausgestellt.

Steinbruch Langenberg mit den Höhen des Harznordrands im Hintergrund, Blick in Richtung Goslar

Aufgeschlossen sind litorale Sedimente, die sich im epikontinentalen Milieu ablagerten. Anfänglich herrschten noch euhaline Bedingungen. Während des Kimmeridge mischte sich Süßwasser mit Meerwasser, sodass sich die Verhältnisse hin zu einer Brackwasserfazies verschoben.

Im Langenberg-Aufschluss erkennen wir auch deutlich den Einfluss des über den Bodenhorizont einsickernden Regenwassers. Die obersten Meter der Steilkante sind gelblich gefärbt – hier unterliegen die in den kalkigen und dolomitischen Gesteinen enthaltenen Eisenminerale der Oxidation und sind limonitisiert.

Seit 1998 werden hier Saurierfunde gemacht. Es begann mit der Entdeckung der neuen Art *Europasaurus holgeri*. Das Tier war außergewöhnlich klein, lebte offenbar auf einer Insel im Jurameer und ist bisher die einzig bekannte Art seiner Gattung. Sein Zwergwuchs ist vermutlich auf das mangelnde Nahrungsangebot der postulierten Insel zurückzuführen. Seit 1999 wurden ca. 1.000 Knochen verschiedener *Europasaurus*-Individuen präpariert. Federführend für die Saurierforschung war in den ersten Jahren der Dinosaurier-Park Münchehagen. Inzwischen forschen hier zahlreiche weitere Institutionen wie das Niedersächsische Landesmuseum Hannover, das Staatliche Naturhistorische Museum Braunschweig oder das Steinmann-Institut für Paläontologie der Universität Bonn. Die Medienberichterstattung hat die Fundstätte so bekannt gemacht, dass sie auch „Jurassic Harz" genannt wird.

Aspekt einer oberjurassischen Insel im Niedersächsischen Becken – im Vordergrund ein ausgewachsenes Exemplar und ein Jungtier des Sauropoden Europasaurus holgeri, an denen Iguanodonten vorbeiziehen. Grafik: Gerhard Boggemann, Ausschnitt, Wikipedia-CC-Lizenz BY-SA 2.5

Streifzug 7: Geologische und kulturelle Vielfalt – Rund um Wernigerode und Ilsenburg

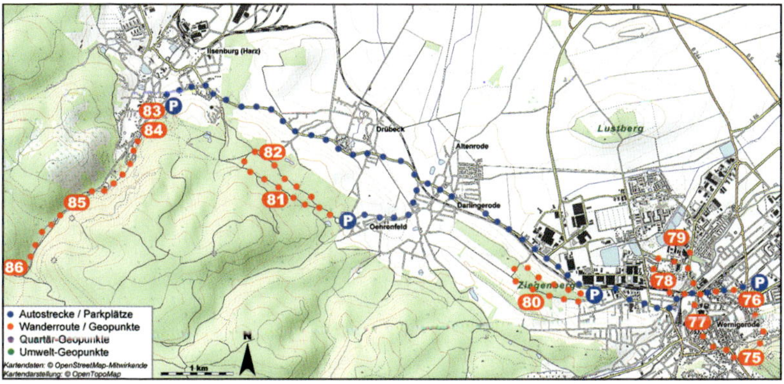

Routenkarte Streifzug 7

Aus gutem Grund nannte Hermann Löns Wernigerode die „Bunte Stadt am Harz" – das kann man auch von der Geologie der Umgebung sagen. Übrigens war der Journalist Löns beileibe nicht nur der „Heidedichter", zu dem er später hochstilisiert wurde. Er war sehr oft im Harz und auch auf dem Brocken, denn seine zweite Frau stammte aus dem Südharz.

Blick auf das Schloss Wernigerode

Das Auto stellen wir auf dem Parkplatz „Anger/Schloss“ ab, von wo aus uns eine Kleinbahn zum Schloss hinaufbringt. Wir starten unsere eigentliche Tour am **Schloss Wernigerode** (75). Von diesem, auf einem Sporn des Agnesberges gelegenen Bauwerk bietet sich ein hervorragender Blick auf die Fachwerkstadt Wernigerode, das Brocken-Hohne-Massiv und das nördliche Harzvorland. Hier stand ursprünglich eine mittelalterliche Burg der Grafen von Wernigerode aus dem 12. Jahrhundert. Um 1500 gab es einen Umbau im Stil der Spätgotik und im 16. Jahrhundert im Stil der Renaissance. Nachdem die Burg im Dreißigjährigen Krieg verwüstet worden war, begann Graf Ernst zu Stolberg-Wernigerode im 17. Jahrhundert mit dem Aus- und Umbau zu einem barocken Residenzschloss.

Schloss Wernigerode

Der Aufstieg des Grafen Otto zu Stolberg-Wernigerode zum Oberpräsidenten der preußischen Provinz Hannover 1867, später zum deutschen Botschafter in Wien und schließlich zum Stellvertreter Bismarcks und Vizepräsidenten des Preußischen Staatsministeriums war der Grund für den Umbau 1862–1885. Damit wurde das Schloss zu einem historistischen Gesamtkunstwerk. Der Architekt Carl Frühling schuf ein Schlossensemble, das seit 1930 in Teilen der Öffentlichkeit zugänglich ist – ca. 50 Räume sind in zwei Rundgängen zu besichtigen. Mitsamt den zugehörigen Garten- und Parkanlagen (Lustgarten, Tiergarten, Terrassengärten) ist es seit 1999 national wertvolles Kulturdenkmal und Bestandteil des Landesprojekts „Gartenträume“.

Als Baumaterial wurden regionale Werksteine benutzt. Schon bei der Auffahrt zum Schloss fallen in der südlichen Mauer des Lustgartens Stromatolithen auf. Sie entstanden im Meer des Unteren Buntsandsteins zeitgleich mit dem Rogenstein, den wir bereits vom Harly kennen. Das Torhaus des Schlosses ist mit gelbem Rogenstein verblendet, der – häufiger auch in roten Varietäten – gemeinsam mit rötlichen Sandsteinen des Buntsandsteins das überwiegende Baumaterial bildet. Für die Ringmauern, seltener auch für Türme und aufgehendes Mauerwerk der Gebäude, wurden dunkelgraue Grauwacken des Agnesberges und schwarze Vulkanite des Harzes verwendet.

Das relative Alter einzelner Gebäudeteile ist gut an der Oberflächengestaltung der Naturwerksteine zu erkennen. In frühen Bauphasen wurden überwiegend gebankte Sand- und Kalksteine verwendet, die nach der Bankung „gespalten“ und senkrecht zur Schichtung „gestoßen“ wurden, sodass sie bruchraue Flächen zeigen. Die im 19. Jahrhundert neu erbauten

Gebäude oder Gebäudeteile sind dagegen erkennbar am Einsatz glatt gesägter Werksteine (insbesondere gelblicher Kreidesandsteine und örtlich auch Rogensteine) für Erker, Tür- und Fenstergewände oder Treppenanlagen. Seltener – wie an der Mauer der großen Schlossterrasse zu beiden Seiten des Hausmannsturms wurden auch gesägte Steine aus den Werksteinbänken des Muschelkalks verwendet. Der Einsatz ausländischer Werksteine erfolgte nur ausnahmsweise (z. B. belgischer Marmor für den Kamin des Festsaals sowie französischer Sandstein für Kanzel und Altar der Schlosskirche). Ungleichmäßige Setzungen des Baugrunds sind Ursache der an Mauern, Stützpfeilern und aufgehendem Mauerwerk der Gebäude häufig zu beobachtenden Rissbildungen.

Unterhalb des Schlosses in der Stadt am Nordende der Lindenallee steht das **Endmoränendenkmal Wernigerode** (76) – eine Granitstele nahe dem Wernigeröder Großparkplatz „Anger/Schloss“ an der Ecke Rimbecker Straße/Lindenallee. Sie markiert die „Feuersteinlinie“ (siehe Infokasten „Feuersteinlinie“ auf S. 113). Feuersteine (Flinte), die mit dem Gletschereis von Norden aus der Schreibkreide herangebracht wurden, machen die Südgrenze der skandinavischen Inlandvereisung kartierbar – auch hier am nördlichen Harzrand.

Endmoränen-Denkmal in Wernigerode

In der westlich gelegenen Innenstadt steuern wir das hinter dem für seine Architektur berühmten Rathaus gelegene **Harzmuseum** (77) an. Das 1821 als Wohnhaus errichtete Gebäude Klint 10 mitten in der historischen Altstadt von Wernigerode beherbergt seit 1955 im Obergeschoss das Museum. Nach umfangreichen Rekonstruktions- und Sanierungsarbeiten wurde es 2001 mit neuer Dauerausstellung wieder eröffnet. Diese gliedert sich in den beiden Gebäudeteilen in einen naturwissenschaftlichen und einen stadtgeschichtlichen Bereich. Der Harz wird im ersten Teil der Dauerausstellung vorgestellt – Fossilien, Minerale und Gesteine dokumentieren seine erdgeschichtliche Entwicklung. Die Erze waren Gegenstand eines über Jahrtausende andauernden Bergbaus, dessen Spuren noch an vielen Stellen im Gelände zu finden sind. Alle diese Themen sind im Harzmuseum dokumentiert. Im Garten vor dem Museum ist u. a. ein exemplarisch ausgebildeter Stromatolith zu bewundern.

Harzmuseum Wernigerode

Auch die Tierwelt des Harzes verfügt über seltene, z. T. einmalige und endemische Arten, von denen einige im Harzmuseum dargestellt sind. Unter dem Aspekt des Naturschutzes sind Präparate dieser Tierarten ihrem Lebensraum zugeordnet und eine Schutzgebietskarte vermittelt die Vielfalt ökologisch wertvoller Lebensräume sowie die Lage geschützter Biotope. Im zweiten Teil der Ausstellung erfolgt ein Abriss der Geschichte Wernigerodes, die bis ins 9. Jahrhundert zurückreicht. Die Entwicklung der Handwerkskünste in der Stadt, u. a. der Zinngießer und Büchsenmacher, wird vorgestellt. Auch der Fremdenverkehr und das Fachwerk in Wernigerode haben ihren Platz im Museum. Fester Bestandteil der Ausstellung ist jetzt auch Malerei und Grafik mit Schwerpunkten auf Arbeiten des 19. Jahrhunderts, der Wernigeröder Künstlerkolonie und der Harzmalerei. Die benachbarte, im gleichen Gebäude untergebrachte Harz-Bücherei ist eine der bedeutendsten regionalen Bibliotheken – auch für historische geowissenschaftliche Literatur der Region.

Wir verlassen die Innenstadt und steuern den **Galgenberg** (**78**) an. Dort sind vor Erreichen der Bergkuppe linker Hand Gesteine des Unteren Muschelkalks aufgeschlossen. Auf der Bergkuppe erinnerte früher ein verschlossenes Metalltor an ein dunkles Kapitel der Stadtgeschichte. Hier befand sich eine niemals in Betrieb gegangene unterirdische Produktionsanlage des KZ-Außenlagers Veckenstedter Weg, die jetzt allerdings verwahrt ist. Die zugehörige Mahn- und Gedenkstätte finden wir wenige 100 m nördlich.

Knapp nördlich der Gedenkstätte treffen wir auf den eingezäunten Bürgerpark Wernigerode und seinen im Dornbergsweg gelegenen Haupteingang. Er ist 2006 auf dem Gelände der Landesgartenschau entstanden. Hier wurde u. a. eine alte Mülldeponie zwischen Kurts- und Schreiberteich parkartig umgestaltet und dabei in einem Geländedurchschnitt mit der **„Mineralienschlucht“** (**79**) ausgestattet. Der Hohlweg wird von Drahtkörben begrenzt, die mit Gesteinen des Gebiets der Quadratmeile gefüllt sind. Auf 48 m Länge stellt er als „geologisches Fenster“ diejenigen Gesteine und Minerale aus, die ein 15 km langes Profil vom Lustberg bei Schmatzfeld im Norden über den

Schlossberg Wernigerode und das Schaubergwerk Büchenberg bis zum Hahnenkopf am Bodetal bei Rübeland im Süden im Untergrund anschneiden würde. So ist es möglich, die Zusammenhänge zwischen Landschaftsformen, Gesteinen und geologischem Baustil anhand von Schautafeln und der dem geologischen Schnitt zuzuordnenden Gesteinsbruchstücke in den Drahtkörben zu erkennen.

Die ersten der insgesamt 24 Drahtkörbe enthalten die Gesteine des Harzvorlands: Sandsteine und Mergel der Subherzynen Kreidemulde und die bei der Heraushebung der Grundgebirgsscholle des Harzes aufgeschleppten und nun senkrecht stehenden Schichten von Trias und Perm. In Gabione 7 grenzen an der nachempfundenen Harznordrand-Störung die unterkarbonischen Kulmgrauwacken des Grundgebirges an die Zechsteingipse des Vorlands. In den Gabionen 8–24 sind zunächst die devonischen und karbonischen Schiefer, Grauwacken und Kalke der Wernigerode-Formation mit dem typischen Wechsel an Schieferung und Schichtung in den einzelnen tektonischen Schollen eingebaut. Die Gabionen 15–23 enthalten typische vulkanische Gesteine, Erze und Kalksteine des Elbingerode-Komplexes. Als Vulkanite wurden Gesteine der Mittelharz-Gänge, die das Harzgrundgebirge im Rotliegend durchschlagen haben, eingebaut. Die gegenüberliegende Wand enthält zwei Gabionen mit Gesteinen des Brockengranitmassivs.

Sehenswert sind im Bürgerpark auch mehrere Themengärten, die geschützten Auwälder am Köhler- und Kurtsteich sowie die Uferbiotope der hiesigen Teichkette.

Am westlichen Ortsausgang von Wernigerode in Richtung Ilsenburg ist linkerhand am Ziegenberg eine bewaldete Schichtrippenlandschaft ausgebildet. An einem sich nur schwach aus der Landschaft erhebenden Rücken sind dessen Gesteine des Unteren Muschelkalks aufgeschlossen. Wenn wir diesem Höhenzug vom Parkplatz in der Straße „Am Ziegenberg“ nach Westen folgen, finden sich im Streichen mehrere Aufschlüsse in historischen Steinbrüchen, die fast immer das gleiche Bild zeigen. Es handelt sich meistens um den Unteren Muschelkalk, der hier als härtere Schicht einen kleinen Kamm bildet. Am **Gipssteinbruch am Ziegenberg** (80), der die Gipse des Röt (Oberer Buntsandstein) aufschließt, wurden zwei ehemalige Brennöfen ausgegraben. Um diese herum führt der Weg in den Bruch, auf dessen Südseite Fasergipse anstehen.

Fasergips des Röt. Foto: Hartmut Knappe

Südlich erhebt sich ein Rücken des Unteren Buntsandsteins mit der Rogensteinzone. Westlich gelegen ist auf der rechten Wegseite erneut der Muschelkalk aufgeschlossen. Nördlich des Waldes kommen wir parallel zur Bahnstrecke mit einem schönen Fernblick auf das Schloss Wernigerode über den Muschelkalkrücken zurück zum Parkplatz.

Auf dem Weg in Richtung Ilsenburg biegen wir in Drübeck in Richtung Oehrenfeld nach Süden ab. Vom Landhaus Tonmühle aus erreichen wir den **Gipssteinbruch Klosterholz** (**81**), an dem sich einst eine Kalk(=Gips)-Hütte befand. Gips wurde früher als „schwefelsaurer Kalk“ bezeichnet. Zentral, inmitten eines aktiven Erdfallgebiets gelegen, ist im Bruch ein Paket von 30 m Gips

Gipssteinbruch im Klosterholz mit Aufschluss einer oberkreidezeitlichen Dolinenfüllung (kleines Bild). Foto: Hartmut Knappe

der Werra-Formation des Zechsteins in senkrechter bis überkippter Lagerung aufgeschlossen.

Auf der Bruchsohle verläuft ein episodisches Gerinne. Im oberen Bereich des Südhangs sind unterkarbonische Grauwacken aufgeschlossen – hier verläuft die Harznordrand-Störung. Am Wanderweg nördlich des Bruches finden sich Lesesteine von Stinkkalk, der dem Hauptdolomit der Staßfurt-Formation des Zechsteins entstammt. Wenn man die nördliche Bruchkante genauer untersucht, was nur mit Kletterei möglich ist, findet man ein Zeugnis des Paläokarsts. In der Füllung einer bereits während der Kreidezeit eingestürzten Doline wurden fossilreiche Küstensande und Trümmerkalke der Oberkreide (Campanium, 80 Ma) konserviert.

Eine Rundwanderung in Richtung Schützenhaus Drübeck und zurück durch das Klosterholz oder aber über den kulturhistorisch interessanten Harzer Klosterwanderweg am Kloster Drübeck vorbei zeigt beiderseits der Wege eine Vielzahl von z. T. noch aktiven **Erdfällen** (82).

Erdfallgebiet bei Drübeck

Weiter geht es längs der Harznordrand-Aufrichtungszone nach Ilsenburg (Harz). Hier wird der enge Zusammenhang von Geologie, Erzlagerstätten, Industrie und Kultur erfahrbar. Wir steuern **Schloss und Kloster Ilsenburg** (83) mit der Klosterkirche St. Peter und Paul an. Einst befand sich hier die durch Otto III. (980–1002) erbaute und als Jagdpfalz genutzte Elysynaburg. Er schenkte sie nebst Inventar und Burgbesatzung dem Bistum

Halberstadt. 1078–1087 wurde auf dem Burggelände die Klosterkirche als dreischiffige, kreuzförmige romanische Basilika errichtet. Als Baumaterial diente Rogenstein. Innen verbirgt die Klosterkirche umfangreiche Fragmente eines in Europa einzigartigen Gipsestrichfußbodens mit reichhaltigen Inkrustationen.

Rogensteine im Mauerwerk des Ilsenburger Schlosses

Kloster/Schloss Ilsenburg und die Eisenindustrie

Die erst 1955 ausgegrabene Höhenburg Ilsenstein auf dem exponierten gleichnamigen Granitfelsen gehörte zum System der Befestigungsanlagen Heinrichs IV. im Nordharzgebiet. Während der Sachsenkriege 1074 zerstört, wurde sie in der Folgezeit wieder aufgebaut, aber bereits 1105 auf Geheiß des Papstes von zwei weltlichen Fürsten geschliffen. Fortan konnte sich das Ilsenburger Kloster unbehelligt zu einem kulturellen und wirtschaftlichen Mittelpunkt des nördlichen Harzvorlands entwickeln. Zu jener Zeit wurde bei Elbingerode-Hüttenrode bereits Eisenerz abgebaut. 1530 gründete Graf Botho zu Stolberg-Wernigerode (1467–1538) eine Hütte – die spätere Fürst-Stolberg-Hütte – und 1546 wurde in Ilsenburg der erste Hochofen errichtet. Die Berühmtheit der Ilsenburger Eisenindustrie veranlasste später Zar Peter I. (1682–1725) auf seiner legendären Reise nach Holland zu einem Abstecher in den Harz. Die Eisenhütte Ilsenburg war 200 Jahre lang einer der größten Roh- und Gusseisenhersteller der deutschen Staaten. Neben den Erzvorkommen lieferten die Wasserkraft der Ilse und der Holzreichtum der Harzer Wälder die erforderlichen Ressourcen.

Die Stadt Ilsenburg wurde ursprünglich auf dem Schwemmfächer der Ilse angelegt – erst später bauten die Bewohner in das Tal hinein und an den Berghängen hinauf. Bevor unsere Exkursion in das Ilsetal beginnt, sollten wir noch einen kurzen Abstecher in das nicht weit vom Marktplatz gelegene Hütten- und

Technikmuseum Ilsenburg machen. Es informiert nicht nur über die Stadtgeschichte, sondern zeigt auch technische Funktionsmodelle und beherbergt eine reiche Sammlung Eisenkunstguss vom 16. bis zum 20. Jahrhundert.

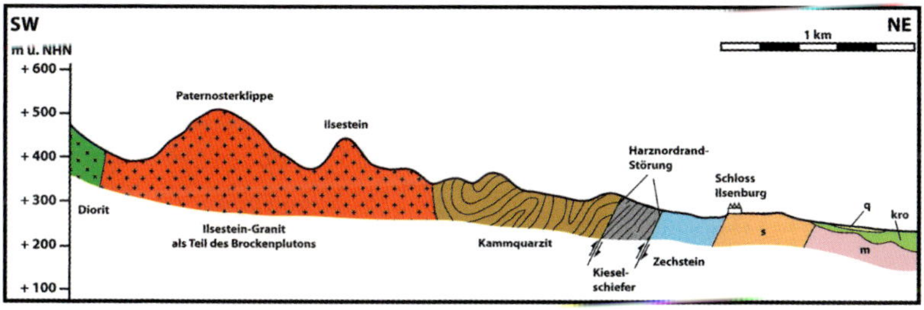

Geologischer Schnitt im Ilsetal entlang O-P (siehe Abb. S. 4) (verändert nach ILLIG 2007), Legende siehe Abb. S. 135

Oberhalb des Marktplatzes im Tal befindet sich am **Blochhauer an der alten Nagelschmiede** (84) eine kleine Sammlung von Gesteinen, welche die geologische Situation der Region abbildet, darunter auch Gesteine der Aufrichtungszone, auf der sich heute der größte Teil der Stadt mit ihren Industrie- und Gewerbegebieten befindet. Das kleine Waldstück wird als Zanthier-Park bezeichnet, benannt nach dem Waldreformer Hans Dietrich von Zanthier (1717–1778), Oberforstmeister der zu dieser Zeit längst auch über Ilsenburg herrschenden Grafen zu Stolberg-Wernigerode. Er führte erste planmäßige Wiederaufforstungen durch und gründete hier um 1765 die erste forstliche Meisterschule des deutschsprachigen Raums. Das Schulgebäude ist noch vorhanden, heute in privater Hand, und liegt in der Nähe des ebenfalls hier befindlichen Nationalparkhauses Ilsetal.

Weiter talaufwärts, entlang der Ilse, befindet sich die gefasste „Prinzess-Ilse-Quelle“. Diese hat nichts mit der Quelle der Ilse zu tun, die wesentlich höher im Brockenbett liegt – es ist vielmehr eine alte Mineralquelle. Auf der rechten Talseite befindet sich hinter dem großen Parkplatz der **Gemeindesteinbruch am Meineberg** (85). Gewonnen wurde hier Quarzit des Acker-Bruchberg-Zugs, der mit variskischem Streichen ansteht und in Richtung Südwest nur durch den Brockenpluton unterbrochen wird. Er taucht daher erst in Niedersachsen wieder auf der geologischen Karte auf. Dieser Quarzit, der in dicken Bankungen ansteht, ist durch kontaktmetamorphe Beeinflussung sekundär gerötet. Im südlichen Bereich des Bruchs ist der Anschnitt eines Ilsesteingranitgangs zu sehen. Nur einige 100 m weiter befinden wir uns schon im Ilsesteingranit – ein drusiger Syenogranit des Brockengranit-Komplexes. Er ist gekennzeichnet durch eine auffallend rötliche Färbung, hervorgerufen durch fleischfarbene Kalifeldspäte. In den Drusen finden sich u. a. Quarz, Epidot, Flussspat, Turmalin, Chlorit u. a. Der Ilsesteingranit ist die jüngste Schmelze des postkinematischen Brockenplutons aus dem frühen Perm. Sein Verlauf in Richtung Westnordwest-Ostsüdost, parallel zur erst etwa 200 Millionen Jahre später voll ausgebildeten Harznordrand-Störung, belegt die alte Anlage dieser tektonischen Richtung in der Oberkruste schon gegen Ende des Erdaltertums (vgl. Elfenstein-Quarzgang bei Bad Harzburg, siehe Abb. S. 94).

Chlorit: grünes Mg-reiches Schichtsilikat

Weiter talaufwärts, an der Mündung des Loddekenbachs, kommen wir an eine Talweitung. Hier finden sich in weiter Verbreitung Felder von **Blockmassen** (86). Wahrscheinlich handelt es sich, wie auch bei anderen Blockhalden des Harzes, um eine Solifluktionsbildung. Unter Dauerfrostbedingungen während der letzten Eiszeit gerieten Blockmassen auf oberflächlich aufgetauten Permafrostboden ins Rutschen, wofür Hangneigungen von 1 Grad bereits ausreichen. Von hier aus geht es zurück zum Marktplatz von Ilsenburg.

Solifluktion: Bodenfließen, Bewegung der Auftauschicht von Permafrostböden

Jüngste Erdgeschichte – Glaziale Überprägung im Quartär

Von einem erhöhten Standpunkt am nordwestlichen Harzrand aus schweift unser Blick über das Harzvorland und wir erblicken eine bis zum Horizont reichende glitzernd weiße, leicht gewölbte und von Furchen und Rissen durchzogene Fläche. Davor stauen sich in den Tälern des Harzes große Mengen Schmelzwassers zu Seen auf und es weht uns ein kalter Fallwind ins Gesicht.

So ungefähr dürfte die Szenerie ausgesehen haben, als während des Pleistozäns (2,588–0 Ma) aus Skandinavien kommen-

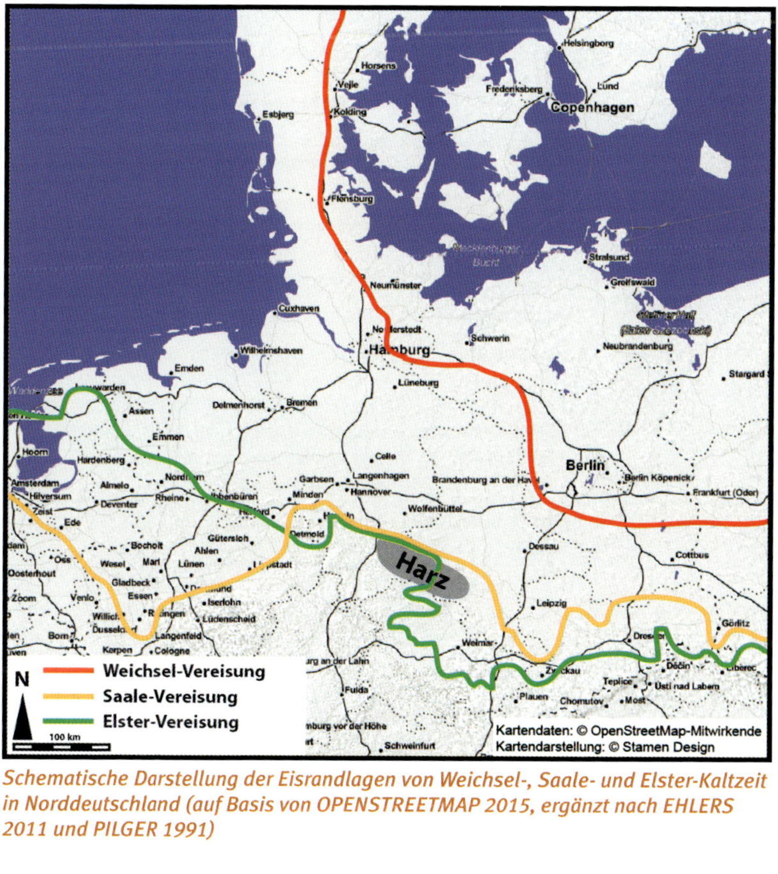

Schematische Darstellung der Eisrandlagen von Weichsel-, Saale- und Elster-Kaltzeit in Norddeutschland (auf Basis von OPENSTREETMAP 2015, ergänzt nach EHLERS 2011 und PILGER 1991)

Glazial: Eiszeit mit Vorstößen der Gletscher

des Inlandeis mehrfach bis nach Norddeutschland vorstieß. Von Bedeutung für das Harzvorland sind dabei das Elster- und Saale-Glazial des mittleren und jüngeren Pleistozäns. Während einzelner Stadiale stießen die skandinavischen Gletscher bis an den Harzrand vor. Während des jüngeren Weichsel-Glazials wurde der Harz dagegen nicht mehr vom Eis erreicht. Die Gletschervorstöße während dieser letzten großen Vereisung reichten nur noch bis in das heutige Schleswig-Holstein und nach Mecklenburg-Vorpommern.

Pleistozäne Warm- und Kaltzeiten

Nachfolgend ist eine tabellarische Übersicht des jüngeren und mittleren Pleistozäns im Harzvorland (nach einer Übersicht des LBEG) mit den zugehörigen Warm- und Kaltzeiten zusammengestellt:

Alter (1000 Jahre)	Gliederung	Ereignisse und Bildungen
0–11,5	**Holozän**	Erosion rezenter Flusstäler, Auelehm, Sand, Kies
11,5–117	**Weichsel-Glazial**	Aufschotterung der Niederterrassen (Flusskies, Steinfelder). Ablagerung von Löss, Flugsand, Talsanden, Torf)
117–128	**Eem-Interglazial**	Talbildung, Erosion, Bodenbildung
128–300	**Saale-Komplex** (Warthe-Stadium, Drenthe-Stadium, Dömnitz-Warmzeit, Fuhne-Kaltzeit)	Aufschotterung in den Flusstälern (Steinfelder) und Bildung der Mittelterrassen (Flusskies), Vereisung Norddeutschlands bis zum nördlichen Harzrand, Ablagerung von Schmelzwassersanden und -kies sowie Geschiebelehm
310–335	**Holstein-Interglazial**	Verwitterung, Erosion, Torf, Mudde
335–385	**Elster-Glazial**	Vereisung Norddeutschlands bis zum nördlichen Harzrand, Aufschotterung der Oberterrassen, Sand, Kies
385–ca. 870	**Cromer-Komplex**	Ablagerungen in den Flusstälern während der Kaltzeiten, Verwitterung in den Warmzeiten, Sand, Kies, Torf, Ton

Die Zeitangaben für die unterschiedlichen Glaziale und Interglaziale differieren in der modernen Literatur besonders ab Beginn des Saale-Komplexes noch deutlich.

Die Glaziale wurden durch wärmere Interglaziale unterbrochen (u.a. Holstein- und Eem-Interglazial), in denen es zu verstärkter Verwitterung und Erosion und somit zur Bildung von Paläoböden und Ablagerung von Lehm, Kies und Sand kam. Während der Kaltzeiten wurden durch sommerliche Schmelzwasser der kleinen Harzgletscher Teile des Grundgebirges erodiert, sodass in den Flussniederungen des Harzvorlands Geröllfelder aus Harzmaterial entstanden sind, so z.B. in den **Kiesgruben des Oker-Steinfelds** (87).

Aktiver Kiesabbau in der Okeraue bei Vienenburg

Eindrucksvolle Zeugen der Kraft des Eises sind die im nordwestlichen Harzvorland durch glaziale Prozesse abgelagerten nordischen Findlinge, von denen wir nun einige exemplarisch betrachten.

Der **Findling an der Thie-Linde in Dörnten** (88) ist aufgrund seiner stark gerundeten und abgeschliffenen Form sofort als nordisches Geschiebe mit einem langen Transportweg erkennbar. Der aus der Zeit des Kambriums (541–486 Ma) stammende Findling besteht aus mittelkörnigem Sandstein mit weißen Quarz-Gerölleinschlüssen. Er wurde als konglomeratischer Hardeberga-Sandstein aus Südschweden klassifiziert.

Der **Findling an den Radau-Kiesteichen** (89) nördlich Bad Harzburg ist ein kantengerundeter nordischer Stein mit einem Gewicht von ca. 11 t. Er zeigt eine deutlich ausgeprägte Bänderung, was ihn vermutlich als Gneis ausweist. Nach SCHÖNE (2008) befindet er sich nur unweit seiner ursprünglichen Position. Die geologische Provenienz ist noch unklar.

Am 35 m hohen und 750 m langen Damm der Innerstetalsperre liegt auf 270 m NHN der **Konrad-Richter-Stein** (**90**). Dieser Findling besteht aus rötlichem Granit mit z.T. größeren, hell gefärbten Einsprenglingen, hat ein Gewicht von rund 10 t und weist einige Gletscherschrammen auf. Diese sind Zeugnis seines langen Wegs aus Skandinavien bis nach Mitteleuropa. Aufgestellt wurde der Findling anlässlich des 50-jährigen Bestehens der DEUQUA (Deutsche Quartärvereinigung) und ist Konrad Richter gewidmet, dem ehemaligen Direktor des Geologischen Instituts der Universität Hannover.

Konrad-Richter-Stein auf dem Innerste-Staudamm als Marker der Feuersteinlinie

Der Findling stammt aus einem Braunkohletagebau bei Helmstedt und wurde als Markierungsstein der Feuersteinlinie, die entlang des nordwestlichen Harzrands verläuft, gesetzt. Ungefähr am Staudamm endete ein Stadial des Saale-Glazials. Die Eisvorstöße des stärker ausgeprägten Elster-Glazials hingegen drangen vermutlich im Innerstetal bis zum Ende des heutigen Stausees vor.

Die Feuersteinlinie

Während der beiden großen Vereisungen des Pleistozäns, des Elster- (ca. 350.000 Jahre) und Saale-Glazials (Drenthe-Stadium, ca. 200.000 Jahre), bedeckte ein lückenloser Eisschild den Norden Europas von Skandinavien bis zum Harz. Die später folgende Weichsel-Kaltzeit (12.000 Jahre) erreichte den nordwestlichen Rand des Harzes nicht mehr.

Die wiederholten Vorstöße der skandinavischen Gletscher lagerten an ihrem Eisrand eine Mischung aus widerstandsfähigen nordischen Geschieben und auch leicht erkennbaren Feuersteinen (Flint) ab. Diese so markierte Linie liegt im Schimmerwald östlich Bad Harzburgs bei 280 m NHN und am Butterberg, im Stadtgebiet von Bad Harzburg, auf ca. 260 m NHN. Die Flinte liegen vermutlich in sekundärer Lage, da die Hänge des Harzes steil sind und ein Sekundärtransport hangabwärts wahrscheinlich ist.

Eine nähere Analyse der abgelagerten nordischen Gesteinsarten ergab, dass in der nordwestlichen Harzregion Dala-Gesteine und südostschwedische Gesteine dominieren, wohingegen Åland-Gesteine seltener sind. Da die Daten recht lückenhaft erscheinen, kann kein sicherer Rückschluss darauf gezogen werden, welcher Eisvorstoß (Saale- oder Elster-Glazial) die Geschiebe hierher verfrachtete.

Derzeit stehen in der Quadratmeile drei Markierungssteine der Feuersteinlinie: an der Innerstetalsperre oberhalb Langelsheim (270 m NHN), am Ilsenburger Stieg im Schimmerwald (314 m NHN) und in Wernigerode (ca. 235 m NHN).

Auch das direkt vor uns liegende Harzvorland wurde glazial geprägt. Vom Staudamm aus sind mit Blick in Richtung Langelsheim in Nordnordwest-Richtung auf der linken Seite des Tals zwei längliche, flache Hügel erkennbar. Hierbei handelt sich um Drumlins. Diese sind Teil der Grundmoräne und entstehen durch Ablagerung von Lockermaterial unter den Eismassen des Gletschers. Idealerweise besitzen Drumlins eine tropfenförmige Gestalt und ihre Längsachse zeigt die Bewegungsrichtung des Eises an. Wir können daraus schließen, dass sich das Eis hier in Nord-Süd-Richtung vorschob.

periglazial: das Umfeld von Gletschern betreffend

Eine weitere morphologische Erscheinung periglazialen Ursprungs sind Endmoränen. Diese liegen vor der Gletscherzunge quer zur Bewegungsrichtung des Gletschers. Auf der rechten Seite des Tals, in Nordost-Richtung blickend, sehen wir eine solche Endmoräne. Es kann davon ausgegangen werden, dass sich beim Abschmelzen der Gletscher am Harzrand Eisstauseen gebildet haben, die das Wasser der abtauenden Gletscher wie auch das aus dem Oberharz zufließende Wasser aufgenommen haben. Einige dieser Eisstauseen konnten in der Quadratmeile nachgewiesen werden (PILGER 1991).

klastisch: aus Mineral- oder Gesteinsbruchstücken („Klasten") bestehendes Sedimentgestein

Im Harzvorland kam es im Zuge der wiederholten Eisvorstöße zu einer weiteren markanten geomorphologischen Überprägung der Landschaft. Wir treffen in den Niederungen der Flussauen auf die Ablagerungen der Kalt- und Warmzeiten des Pleistozäns in Form der Nieder-, Mittel- und Oberterrassen. Diese stellen mit ihren ausgedehnten Kies- und Sandvorkommen nicht nur die Basis für eine umfangreiche Steine- und Erdenindustrie dar, sondern sind mit ihren fruchtbaren Böden (siehe Infokasten „Lössböden") auch die Grundlage für die über viele Jahrtausende nachweisbare landwirtschaftliche Nutzung dieses Gebiets.

Nieder-, Mittel- und Oberterrasse

Der am tiefsten liegende Bereich der Flussniederungen von z. B. Oker, Radau, Ecker und Innerste wird als Niederterrasse oder umgangssprachlich mit dem Flurnamen „Steinfeld" bezeichnet. Es handelt sich um fluvioglaziale Ablagerungen der Weichsel-Kaltzeit. Sommerliche Schmelzwässer der Harzgletscher verlagerten große Mengen paläozoischer Gerölle aus dem Harz in das Vorland und füllten die Urstromtäler mit klastischen Sedimenten auf. Die rezenten Flussläufe schnitten sich im Holozän 1–2 m tief in die Niederterrassen ein und lagerten bei Überschwemmungen Auenlehme ab. Seitlich der Niederterrassen finden sich die höher liegenden Mittelterrassen. Sie bestehen in ihren oberen Schichten aus Kies und Sand glazialer Aufschotterungen des Saale-Komplexes. Auch diese werden aus Gesteinen paläozoischen Ursprungs aus dem Harz aufgebaut und sind ebenfalls, zumindest teilweise, von Löss oder Lösslehm bedeckt.
Die zuoberst liegenden glazialen Ablagerungen sind Reste der Oberterrasse – ebenfalls Kies- und Sandablagerungen, diesmal aus der Elster-Kaltzeit, welche die Mittelterrassen überragen.
Ständig wiederholte sich der Wechsel von Erosion und Ablagerung – so haben sich die jüngeren Formen in die älteren Schichten eingraben, dort ihre Ablagerungen hinterlassen und liegen somit auf einem tieferen Niveau als die älteren Schichten. Sie komplettieren die Schichtenfolge der Quadratmeile bis in die Jetzt-Zeit.

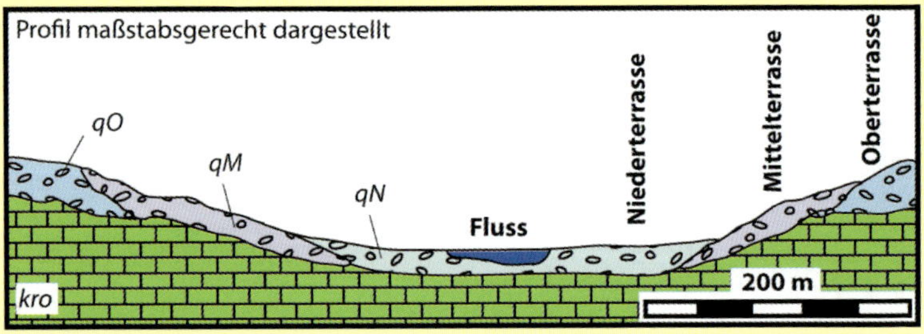

Vereinfachte Darstellung der Anordnung von Nieder-, Mittel- und Oberterrasse

Im Bereich der aufgelassenen Abbaustätten des **Oker-Steinfelds** (91) ist zu erkennen, wie hoch das Grundwasser steht. Diese bereits angesprochenen Kiesgruben erstrecken sich nahezu über die gesamte Ausdehnung des Steinfelds der Niederterrasse. Die auf der Westflanke des Okertals aufragenden Hügel Krähenberg und Pfeifenberg stellen die Mittel- und Oberterrasse dar, die unseren jetzigen Standort auf der Niederterrasse um ca. 40 m überragen.

Die rezenten Flüsse des Harzvorlands haben sich in die Niederterrassen und somit in die glazialen Ablagerungen des Weichsel-Glazials eingetieft. In der **Innerste-Aue** (92) bei Langelsheim kann an einem ca. 1,80 m hohen rezenten, senkrecht abfallenden Prallhang ein instruktiver Blick auf eine Kreuzschichtung geworfen werden. Diese offenbart Hinweise auf den früheren Flussverlauf, denn Kreuzschichtungen entstehen, wenn es zu gegenläufigen Strömungsrichtungen kommt – z. B. wenn Flüsse ihren Verlauf ändern bzw. mäandrieren.

Kreuzschichtungen im rezenten Prallhang der Innerste-Niederterrasse

In der Quadratmeile treten Lössablagerungen großflächig auf. Im Harzvorland kommt Löss auf der Mittel- und Oberterrasse vor, aus der Niederterrasse wurde er zwischenzeitlich ausgewaschen.

In der aufgelassenen **Lössgrube** (93) an der Schierksmühle bei Beuchte können wir ein ca. 4 m hohes, offen liegendes Lössprofil betrachten. Schwach erkennbar sind dort unterschiedliche und eher untypische Schichtungen, die vermutlich auf unterschiedliche äolische Sedimentationsbedingungen zurückzuführen sind. Im mittleren Bereich auf der rechten Seite tritt ein

Lössböden

Löss ist ein zumeist hellgelblich gefärbtes äolisches Sediment, das häufig in den gemäßigten Klimazonen vorkommt und ca. 10 % der Erdoberfläche bedeckt. Er wird als klastisches, ungeschichtetes Sediment klassifiziert und besitzt eine sehr gute Sortierung im Korngrößenbereich von 0,002–0,063 mm (Schluff, Silt). Bestandteile sind überwiegend Quarzstaub und in geringeren Anteilen Feldspat, Kalk, Glimmer und Tonminerale. Der an der Oberfläche vorkommende Löss ist oft entkalkt und wird als Lösslehm bezeichnet.

Lössablagerungen sind feinkörnig, relativ locker und haben ein Porenvolumen von bis zu 40 %. Sie bilden einen wichtigen Bestandteil der fruchtbaren Böden der humiden bis semihumiden Regionen Nordeuropas.

Die Entstehung ist meist auf die Zeit des jüngeren Pleistozäns (Weichsel-Kaltzeit) zurückzuführen. Unter damals semi-ariden und ariden Klimabedingungen des vegetationslosen Gletschervorfelds sorgten vom Gletscher kommende, südwärts gerichtete kalte Fallwinde für Winderosion. Der so mobilisierte Staub wurde unter Umständen hunderte Kilometer weit transportiert und anschließend abgelagert, sodass Lössdecken mit Mächtigkeiten von wenigen Metern bis mehreren 100 m entstanden.

arid: trocken (klimatisch)

sandiger, heller, schon beinahe weißer Anteil von Ablagerungen auf. Hierbei handelt es sich um einen Bereich, in dem es zu mineralischen Auswaschungen gekommen ist.

Auf der nördlichen Seite des Harlys liegt die **Kiesgrube Beuchte** (94). Wir werfen von der Schranke – die Grube selbst darf nicht betreten werden – einen Blick auf das aufgeschlos-

Profil in der Kiesgrube bei Beuchte mit Lösslehm

sene Profil. Dieses wird im oberen Bereich von gut gerundeten Geröllen bis ca. 10–15 cm Größe bestimmt. Im unteren Bereich überwiegen kleinere Gerölle und Kies. Die in den Zwischenräumen abgelagerten rötlichen Sedimente sind recht lehmig und stellen den bereits erwähnten Lösslehm dar.

Lössaufschluss an der Schierksmühle bei Beuchte

Nützliches und Informatives

Informations- und Anlaufstellen

Geologie

UNESCO Global Geopark Harz . Braunschweiger Land . Ostfalen
Geopark-Informationszentrum, An der Stadtkirche 1, 38154 Königslutter
Tel. 05353/91 32 35
www.geopark-harz.de

Bundesanstalt für Geowissenschaften und Rohstoffe BGR
Geozentrum Hannover, Stilleweg 2, 30655 Hannover
Tel. 0511/643-0
www.bgr.bund.de

Landesamt für Bergbau, Energie und Geologie Niedersachsen LBEG
Geozentrum Hannover, Stilleweg 2, 30655 Hannover
Tel. 0511/643-0
www.lbeg.niedersachsen.de

Landesamt für Geologie und Bergwesen Sachsen-Anhalt LAGB
Köthener Straße 38, 06118 Halle
Tel. 0345/52 12-0
www.lagb.sachsen-anhalt.de

Museen, Besucherbergwerke, Lokales

Goslarer Museum
Königstraße 1, 38640 Goslar
Tel. 05321/4 33 94
www.goslar.de/kultur-freizeit/museen/goslarer-museum

Museum und Besucherbergwerk Weltkulturerbe Rammelsberg
Bergtal 19, 38640 Goslar
Tel. 05321/75 00
www.rammelsberg.de

BUND-Regionalverband Westharz
Petersilienstraße 23, 38640 Goslar
Tel. 05321/4 69 60 75
goslar.bund.net

Natur- und Umwelthilfe Goslar e.V.
Gutenbergstraße 3, 38640 Goslar
www.nu-goslar.de

Heimatmuseum Vienenburg
Schulstraße 24, 38690 Goslar
Tel. 05324/77 37 07
www.vienenburg-tourismus.de/heimatmuseum_vienenburg.htm

Eisenbahnmuseum Vienenburg
Bahnhofstraße 8, 38690 Goslar
Tel. 05324/78 04 78
www.eisenbahnmuseum-vienenburg.de

Heimatmuseum Döhren
Durnidistraße 29a, 38704 Liebenburg-Groß Döhren
www.heimatmuseum-doehren.de

Arbeitsgemeinschaft Schroederstollen
www.schroederstollen.de

Städtisches Museum Schloss Salder in Salzgitter
Museumstr. 34, 38229 Salzgitter
Tel. 05341/8 39-46 12
www.salzgitter.de/stadtleben/kultur/museum/

Haus der Natur Bad Harzburg
Nordhäuser Straße 2b, 38667 Bad Harzburg
Tel. 05322/78 43-37
www.haus-der-natur-harz.de

Hütten- und Technikmuseum Ilsenburg
Marienhöfer Str. 9 b, 38229 Ilsenburg
Tel. 039452/22 22
www.ilsenburg-tourismus.de/Ilsenburg/Huetten__und_
Technikmuseum/208,99.html

Harzmuseum Wernigerode
Klint 10, 38855 Wernigerode
Tel. 03943/65 44 54
www.harzmuseum.de

Schloss Wernigerode
Am Schloss 1, 38855 Wernigerode
Tel. 03943/55 30-30
www.schloss-wernigerode.de

Mahn- und Gedenkstätte Wernigerode
Veckenstedter Weg 43, 38855 Wernigerode
Tel./Fax 03943/63 21 09
www.kreis-hz.de/de/gedenkstaetten/mahn-und-
gedenkstaette-veckenstedter-weg-wernigerode-20001835.html

Tourist-Informationen

Goslar
Markt 7, 38640 Goslar
Tel. 05321/7 80 60
www.goslar.de

Vienenburg
Kattowitzer Straße 10, 38690 Goslar
Tel. 05324/40 44
www.vienenburg-tourismus.de

Gemeinde Liebenburg
Bürgerbüro (Information zum Schloss)
Schäferwiese 15, 38704 Liebenburg
Tel. 05346/90 00-0
www.liebenburg.de

Salzgitter
Windmühlenbergstraße 20, 38259 Salzgitter
Tel. 05341/9 00 99-40
www.salzgitter.de/tourismus

Bad Harzburg
Nordhäuser Straße 4, 38667 Bad Harzburg
Tel. 05322/7 53 30
www.bad-harzburg.de

Ilsenburg
Marktplatz 1, 38871 Ilsenburg
Tel. 039452/1 94 33
www.ilsenburg-tourismus.de

Wernigerode
Marktplatz 10, 38855 Wernigerode
Tel. 03943/5 53 78-35
www.wernigerode-tourismus.de

Lage und Kurzbeschreibung der Geopunkte

Die Koordinaten beziehen sich auf WGS84 und sind in **Dezimalgrad-Notation mit (nördlicher) Breiten- und (östlicher) Längenangabe** angegeben.

Die Angaben zu Geotopen beziehen sich auf das Geotopkataster der Geologischen Landesämter von Niedersachsen (LBEG) und Sachsen-Anhalt (LAGB). Sofern die Geopunkte auch Earthcaches (www.geosociety.org/earthcache) repräsentieren, ist ihre EC-Nummer vermerkt.

Nr.	Geopunkte	Koordinaten	Seite
1	**Besucherbergwerk Rammelsberg** (EC GC1EA1E)	N 51.89040° E 10.41874°	26, 74
2	**Steinbruch Schiefermühle am Rammelsberg**	N 51.89312° E 10.42178°	29
3	Blick über Goslar vom **Maltermeister Turm**	N 51.89512° E 10.42214°	30
4	**Klusfelsen** (Geotop 4028/03, EC GC230WR)	N 51.91100° E 10.44406°	31
5	**Steinbrüche am Sudmerberg** (Geotop 4028/01)	N 51.91658° E 10.46505°	33, 89
6	Unterkreide-Kalkstein transgressiv auf Kimmeridge-Kalken („**Neokom“-Transgression**) (Geotop 4028/04)	N 51.90502° E 10.47079°	34
7	**Kaiserpfalz** und Start des Stadtrundgangs	N 51.90295° E 10.42737°	35
8	**Domvorhalle** der ehemaligen Stiftskirche St. Simon und Judas mit Sandsteinsäule	N 51.90327° E 10.42766°	35
9	**Großes Heiliges Kreuz** mit Bruch- und Lesestein-verbänden	N 51.90422° E 10.42755°	36
10	Ehem. **Realschule Hoher Weg** mit Sudmerberg-Kalksandsteinen und Trochitenkalken am Nebengebäude	N 51.90466° E 10.42873°	37
11	Türme der **Marktkirche** aus Sudmerberg-Kalksandstein	N 51.90546° E 10.42729°	38
12	**Goslarer Marktplatz** mit Beispielen von Schieferdächern	N 51.90593° E 10.42894°	38
13	**Goslarer Museum**	N 51.90452° E 10.42936°	38

14	**Kanstein** (EC GC2Y9T6)	N 51.94147° E 10.34918°	41
15	Schichtrippe des **Steinkuhlenbergs**	N 51.94532° E 10.31808°	42
16	Aufgelassener **Steinbruch Lampe** im Hils-Sandstein (Geotop 4027/04)	N 51.99439° E 10.29936°	42
17	**Erdfall am Ritterkopf**	N 52.00756° E 10.32292°	43
18	**Karstquelle Kirschensoog** (Geotop 3927/02)	N 52.02097° E 10.27548°	45
19	**Hubertusgrotte am Jägerhaus im Hainberg** im Hils-Sandstein	N 52.03093° E 10.21448°	45
20	**Geroldsklippe** im Härtlingszug der Bodensteiner Klippen (EC GC1XE4N, Geotop 3927/04)	N 52.01525° E 10.21484°	45
21	**Sofaklippe**	N 52.00911° E 10.21390°	46
22	**Walderlebnispfad Eidechsengrund** am Schreckenberg	N 51.96421° E 10.21542°	47
23	**Bismarckturm** auf dem Hamberg	N 52.06172° E 10.35772°	49
24	**Kammweg im Unteren Muschelkalk** des Hambergs	N 52.06477° E 10.35633°	50
25	**Steinbruch** nördlich Heinemannshöhe	N 52.05545° E 10.35015°	50
26	**Flammenmergel-Steinbruch**	N 52.04885° E 10.35098°	50
27	**Tagebau Finkenkuhle** mit See (EC GC2R916)	N 52.04846° E 10.35520°	51
28	**Muschelkalkaufschluss** mit Terebratelbänken	N 52.05705° E 10.35891°	53
29	Exponate der **Saline Salzgitter** (EC GC25H5V)	N 52.04658° E 10.37111°	53
30	**Gesteinslehrpfad** in Gebhardshagen (EC GC2AMAN)	N 52.10337° E 10.35142°	53

31	**Steinbruch Glück-Auf-Halle** mit triassischen Sedimenten (EC GC3FX90)	N 52.09882° E 10.33899°	53
32	**Burg Lichtenberg** auf dem Burgberg	N 52.12182° E 10.28733°	56
33	**Steinbruch Kruxberg** mit Sedimentpaket der Schwellenfazies	N 52.11755° E 10.28296°	57
34	**Tagebausee Haverlahwiese**	N 52.11309° E 10.30143°	57
35	Höhenweg entlang des **Muschelkalkkamms** auf dem Lichtenberg	N 52.11574° E 10.31194°	58
36	**Trochitenkalk-Steinbruch** am Hardewegforst	N 52.11554° E 10.31611°	58
37	Blick zum **Salzgittersee und Seilbahnberg**	N 52.11907° E 10.30090°	59
38	**Gaußstein** auf dem Kruxberg	N 52.12127° E 10.28526°	60
39	**Hausmannsturm** an der Liebenburg	N 52.02065° E 10.42208°	64
40	**Kalk-Eisenerze** im Tagebau der Eisenerzgrube Ida (Geotop 3928/02)	N 52.02319° E 10.39646°	65
41	**Profilschnitt am Flöteberg** von Albium bis Turonium (Geotop 3928/01, EC GC3944N)	N 52.01101° E 10.40445°	65
42	**Gipskuhle Othfresen** mit Gips-Aufschlüssen und Kalkhalbtrockenrasen (EC GC3D0VZ)	N 52.00558° E 10.40743°	66
43	Episodische Karstquelle **Grevelquelle** (Geotop 3928/06)	N 52.00127° E 10.40631°	68
44	Gelände der **Eisenerzgrube Fortuna**	N 51.99908° E 10.42690°	68
45	Flachgründiger **Fortuna-Klärteich**	N 51.99685° E 10.41788°	69
46	**Erzbasisaufschluss Braunes Lager** diskordant auf Wellenkalk (Geotop 4028/06)	N 51.99552° E 10.42555°	69
47	Mundloch des **Schroederstollens**	N 51.99041° E 10.44536°	70

48	**Schneeberg** mit Rot- und Cenomanium-Plänerkalken	N 51.98235° E 10.44474°	71
49	**Turoniumpläner-Steinbruch** am Schneeberg	N 51.98371° E 10.44600°	71
50	Zechengebäude des **Schachts Georg-Friedrich**	N 51.97635° E 10.43242°	71
51	**Tagebau Glockenberg** mit Jura-Schichten und Trümmererzen (Geotop 4028/05, EC GC28G1Z)	N 51.97812° E 10.43272°	72
52	Absetzbecken **Morgenstern-Teiche**	N 51.96729° E 10.45569°	72
53	**Deponie** im Tagebau der Eisenerzgrube **Morgenstern**	N 51.97146° E 10.45478°	72
54	**Kloster Wöltingerode** mit Mauer aus Rogen- und Buntsandstein	N 51.96023° E 10.53880°	78
55	**Buntsandsteinaufschluss** am Schacht II	N 51.96252° E 10.54897°	80
56	Buntsandstein-Steinbruch mit **Wellenrippeln und Schrägschichtung**	N 51.96169° E 10.55796°	81
57	**Einsturzkrater** am Schacht I	N 51.96013° E 10.56421°	83
58	**Schacht I** mit Buntsandstein-Aufschluss	N 51.95956° E 10.56671°	84
59	**Harlyburg** mit Ringwall	N 51.96123° E 10.56941°	84
60	**Gipssteinbruch** am Lerchenweg	N 51.96269° E 10.56585°	84
61	**Findling am Gottschedplatz** auf dem Harly-Kammweg	N 51.96508° E 10.55836°	84
62	**Harlyturm** mit Blick auf das Umland	N 51.96723° E 10.54296°	85
63	**Mammutbaum** *Sequoiadendron giganteum*	N 51.96683° E 10.53187°	85
64	**Kräuter-August-Höhle** in einem aufgelassenen Steinbruch	N 51.96662° E 10.53636°	85

65	**Haus der Natur** im Kurpark Bad Harzburg	N 51.87198° E 10.56129°	87
66	**Großer Burgberg** mit Ausblick auf das Exkursionsgebiet	N 51.87193° E 10.56629°	87
67	**Schacht- und Quellenhaus** der Solebohrungen	N 51.87590° E 10.56253°	89
68	**Friedhofsmauer aus Kalksandstein** mit Fossilien und Spurenfossilien	N 51.88849° E 10.55857°	92
69	**Kammweg des Butterbergs** (EC GCNPK3)	N 51.89176° E 10.55974°	89, 92
70	**Wolfsteinklippen** mit steil gestellten Kreideschichten	N 51.88510° E 10.58971°	93
71	Gelände der stillgelegten **Grube Friederike**	N 51.88141° E 10.54490°	93
72	**Förderwagen** nahe Grube Friederike	N 51.88196° E 10.54883°	94
73	Steinbruch im **Elfenstein-Quarzgang** (Geotop 4129/05)	N 51.87838° E 10.53333°	95
74	**Steinbruch Langenberg** (Geotop 4029/02, EC GC4TY1D)	N 51.90110° E 10.51221°	96
75	**Schloss Wernigerode**	N 51.83069° E 10.79356°	100
76	**Endmoränen-Denkmal** Wernigerode, Lindenallee (Geotop 4130-13, EC GC218EV)	N 51.83702° E 10.79459°	101
77	**Harzmuseum** in Wernigerode	N 51.83303° E 10.78410°	101
78	**Galgenberg** in Wernigerode	N 51.83925° E 10.77581°	102
79	**Mineralienschlucht** im Bürgerpark Wernigerode (EC GC4YKTB)	N 51.84436° E 10.77450°	102
80	**Gipssteinbruch am Ziegenberg** (Geotop 4130/15)	N 51.83699° E 10.74951°	103
81	**Gipssteinbruch im Klosterholz** bei Drübeck (Geotop 4130/10)	N 51.85060° E 10.70177°	104

82	**Erdfälle im Klosterholz** bei Drübeck (Geotop 4130/14)	N 51.85415° E 10.70198°	105
83	**Schloss und Kloster Ilsenburg** mit Rogensteinen	N 51.85973° E 10.67834°	105
84	**Blochhauer** an der alten Nagelschmiede	N 51.85809° E 10.67532°	107
85	**Gemeindesteinbruch Meineberg** mit Acker-Bruchberg-Quarzit	N 51.85061° E 10.66610°	107
86	**Blockmassen** im Ilsetal	N 51.84089° E 10.64603°	108
87	**Aktive Kiesgruben** im Oker-Steinfeld	N 51.94647° E 10.51801°	111
88	**Findling an der Thie-Linde** in Dörnten (Geotop 4028/12)	N 51.97497° E 10.39949°	111
89	**Findling an den Radau-Kiesteichen** (Geotop 4029/04)	N 51.91610° E 10.54971°	111
90	**Konrad-Richter-Stein** an der Innerstetalsperre	N 51.91257° E 10.29858°	112
91	**Oker-Steinfeld** mit aufgelassenen Kiesgruben	N 51.95149° E 10.53415°	115
92	Prallhang mit Schrägschichtung in der **Innerste-Aue**	N 51.95091° E 10.34871°	115
93	**Lössgrube Schierksmühle** (Geotop 4029/08)	N 51.99083° E 10.50505°	115
94	**Kiesgrube Beuchte**	N 51.98614° E 10.51136°	116
95	**Hüttenschlackenhalde** in Oker	N 51.91053° E 10.50815°	74
96	**Bollrich-Klärteiche** mit Blick auf die Industrielandschaft Oker	N 51.90433° E 10.46814°	74
97	**Schwermetallvegetation** mit *Armeria maritima* ssp. *halleri* und *Silene vulgaris*	N 51.90886° E 10.50513°	74
98	**Schlackenhalde Bredelem** mit Schwermetallvegetation	N 51.95636° E 10.34685°	75

Ortsverzeichnis

Literaturverzeichnis

Allgemeine Literatur

BACHMANN, G.H., EHLING, B.C., EICHNER, R. & SCHWAB, M., Hrsg. (2008): Geologie von Sachsen-Anhalt. E. Schweizerbart'sche Verlagsbuchhandlung, Stuttgart.

DAHLGRÜN, F. (1933): Blatt Halberstadt. – Geologische Übersichtskarte von Deutschland, 1 : 200 000, Bl. 100, Preuß. Geol. L.-A., Berlin.

DEUTSCHE STRATIGRAPHISCHE KOMMISSION (2012): Stratigraphische Tabelle von Deutschland Kompakt 2012 (STDK 2012). Koordination und Gestaltung M. Menning & A. Hendrich, Deutsches GeoForschungsZentrum, Potsdam.

DWD DEUTSCHER WETTERDIENST (2016): Klimadaten der Referenzstation Brocken. www.dwd.de, Offenbach.

EHLERS, J. (2011): Das Eiszeitalter. Spektrum Verlag, Heidelberg.

EISSMANN, L. (1977): Das quartäre Eiszeitalter in Sachsen und Nordostthüringen. Altenburger Naturwiss. Forsch. 8, Altenburg.

EMONS, H.-H. & DUCHOW, G. (2001): Hercynia in Vienenburg – das erste Kalibergwerk im niedersächsischen Raum. Sondershäuser Hefte zur Geschichte der deutschen Kali-Industrie 4, Sondershausen.

EYNATTEN, H. v., VOIGT, T., MEIER, A., FRANZKE, H.-J. & GAUPP, R. (2008): Provenance of the clastic Cretaceous Subhercynian Basin fill: constraints to exhumation of the Harz Mountains and the timing of inversion tectonics in the Central European Basin. Int. J. Earth Sciences 97: 1315–1330.

FAUPL, P. (2003): Historische Geologie. 2. Aufl., facultas wuv UTB, Wien.

FELDMANN, L. (2002): Das Quartär zwischen Harz und Allertal – mit einem Beitrag zur Landschaftsgeschichte im Tertiär. Clausthaler Geowissenschaften 1, Clausthal-Zellerfeld.

FRANK, W.-H., HEIMHOLD, W. & PILGER, A. (1985): Geologie und Kulturgeschichte im Dreieck Goslar – Bad Harzburg – Harliberg. Geologische, botanische und kulturhistorische Exkursionen und Zusammenhänge. Clausthaler Geol. Abh., Sonderbd. 3, 2. erw. Aufl., Verlag Ellen Pilger, Clausthal-Zellerfeld.

FRANZKE, H.-J. & SCHWAB, M. (2011): Harz, östlicher Teil mit Kyffhäuser Kristallin. Slg. Geol. Führ. 104, Gebr. Borntraeger, Berlin.

FRANZKE, H.-J. & MÜLLER, R. (2012): Exkursion in einem geologischen Profil durch den West- und Mittelharz. Exkursionsf. u. Veröff. DGG 248, Hannover.

FULDA, E. (1937): Das Ersaufen der Kaliwerke Vienenburg, Hannoversche Kaliwerke und Wilhelmshall-Oelsburg. Z. Berg-, Hütten- u. Salinenwesen im Dt. Reich 85 (3): 139–149.

GEOPARK HARZ . BRAUNSCHWEIGER LAND . OSTFALEN (2009): Geopark Harz . Braunschweiger Land . Ostfalen. Die klassischen Quadratmeilen der Geologie. Königslutter-Quedlinburg.

GÖSSNER, K.-U. & WINTER, S. (1987): Unterer Buntsandstein im Harli bei Vienenburg. Ber. Naturhist. Ges. Hannover 129: 135–142.

GRIEP, H.-G. (1993): Die Geologie und Topographie. – Goslar. Führer durch Goslar, Bd. 6, Goslar.

HEUNISCH, C., CASPERS, G., ELBRACHT, J., LANGER, A., RÖHLING, H.-G., SCHWARZ, C. & STREIF, H. (2007): Erdgeschichte von Niedersachsen. Geologie und Landschaftsentwicklung. GeoBerichte 6, hrsg. v. Landesamt für Bergbau, Energie und Geologie LEBG, Hannover.

ILLIG, S., ILLIG, W., LÜDERS, E. & SCHNEIDER, W. (2007): Eine geologisch-botanische Wanderung um den Ilsestein. Ber. Naturhist. Ges. Hannover 149, Hannover.

KNAPPE, H. & TRÖGER, K.-A. (1988): Die Geschichte von den neun Meeren. Ursprung des nördlichen Harzvorlandes. Der Harz, eine Landschaft stellt sich vor 19/20, Wernigerode.

KNOLLE, F. (1989): Harzbürtige Schwermetallkontaminationen in den Flußgebieten von Oker, Innerste, Leine und Aller. Beitr. Naturk. Niedersachs. 42 (2): 53–60.

KNOLLE, F. (2010): Wer prägte den Begriff „Klassische Quadratmeile der Geologie“? Allgemeiner Harz-Berg-Kalender für das Jahr 2011: 95–98.

KNOLLE, F., OESTERREICH, B., SCHULZ, R. & WREDE, V. (1997): Der Harz – Geologische Exkursionen. Perthes-Exkursionsführer, Justus Perthes Verlag Gotha, Gotha.

KNOLLE, F., SCHEEL, A., SCHADACH, V., SCHULZ, R. & SEIFARTH, S. (2007): Naturkundlich-geologische Erlebnispfade am Butterberg. FEMO-Erlebnisführer 14, BUND-Kreisgruppe Goslar, Goslar.

KNOLLE, F., HAASE, C., KAPAUN, E., SCHADACH, V., SCHULZ, R. & WIMMER, W. (2008): Von Wöltingerode zum Muschelkalkkamm – Der Harly. BUND-Kreisgruppe Goslar, Goslar.

KNOLLE, F., BOLLMEIER, M., KÄTZEL, A. & WEBER, K.-F. (2012): Der südliche Salzgittersche Höhenzug. Acht GeoPark-Erlebnispfade. BUND-Kreisgruppe Goslar, Goslar.

KÖSTER, W. & MERKEL, D. (1985): Schwermetalluntersuchungen landwirtschaftlich genutzter Böden und Pflanzen in Niedersachsen. Landwirtschaftskammer Hannover, LUFA Hameln.

KRÜGER, F.J. (2006): Braunschweiger Land. Wanderungen in die Erdgeschichte 19, Verlag Dr. Friedrich Pfeil, München.

LBEG LANDESAMT FÜR BERGBAU, ENERGIE UND GEOLOGIE (2006): Innerste mesozoisches Festgestein links, Geologischer Schnitt S2. Hannover.

LBEG LANDESAMT FÜR BERGBAU, ENERGIE UND GEOLOGIE (2015): Symbolschlüssel Geologie, Symbole für die Dokumentation und Verarbeitung geologischer Feld- und Aufschlussdaten. Hannover.

LANDKREIS GOSLAR (2011): Bodenplanungsgebiet Harz im Landkreis Goslar. Verordnung des Landkreises Goslar, Fachbereich Bauen und Umwelt.

LOOK, E.-R. (1985): Geologie, Bergbau und Urgeschichte im Braunschweiger Land (Nördliches Harzvorland, Asse, Elm-Lappwald, Peine-Salzgitter, Allertal). Geol. Jb. A 88, Hannover.

MOHR, K. (1982): Harzvorland, westlicher Teil. Slg. Geol. Führer 70, Gebr. Borntraeger, Berlin.

MOHR, K. (1989): Die klassische Quadratmeile der Geologie. Niedersächsische Akademie der Geowissenschaften, Hannover.

MONNA, F., HAMER, K., LÉVÊQUE, J. & SAUER, M. (2000): Pb isotopes as a reliable marker of early mining and smelting in the Northern Harz province (Lower Saxony, Germany). Journal of Geochemical Exploration 68: 201–210.

MÜLLER, A.G. (2008): The Rammelsberg shale-hosted Cu-Zn-Pb sulfide and barite deposit, Germany: Linking SEDEX and Kuroko-type massive sulfides. www.e-sga.org, 1.1.2017.

MÜLLER, R. (2006): Rutschmassen und Karsterscheinungen auf einer unterkretazischen Landoberfläche im Salzgitter-Sattel, Nördliches Harzvorland. Clausthaler Geowiss. 5, Clausthal-Zellerfeld.

MÜLLER, F. & FRANKZE, H.-J. (2014): Oberharz. Tiefe Gruben – hohe Rücken. Streifzüge durch die Erdgeschichte. edition Goldschneck, Quelle & Meyer Verlag, Wiebelsheim.

MUTTERLOSE, J. & STEFFAHN, J. (2004): Exkursionsführer: Die Kreide des Subherzynen und östlichen Niedersächsischen Beckens. Bochumer Geowissenschaftliche Arbeiten 4: 1–155.

NOWAK, H. & PREUL, F. (1971): Untersuchungen über Blei- und Zinkgehalte in Gewässern des Westharzes. Beih. Geol. Jb. 105, Hannover.

PATZELT, G. (2003): Nördliches Harzvorland (Subherzyn), östlicher Teil. Slg. Geol. Führer 96, Gebr. Borntraeger, Berlin.

PELZER UND PARTNER (2012): Geologisches Standortmodell ehem. Hausmülldeponie Morgenstern. Präsentation im Auftrag für Kreiswirtschaftsbetriebe Goslar, Goslar, www.landkreis-goslar.de/media/custom/1749_801_1.PDF?1338851430 Stand 1.10.2016.

PILGER, A. (1991): Die nordischen Gletscher am nordwestlichen Harzrand und ihre Stauseen. Clausthaler Geol. Abh. 48, Clausthal-Zellerfeld.

PILGER, A. & RÖSLER, A. (1984): Nordwestlicher Harz und Vorland. Geologische Erläuterungen und Exkursionen. Clausthaler Geol. Abh., Sonderbd. 2, Clausthal-Zellerfeld.

SCHNEIDER, H. (1966): Die neue Solebohrung in Bad Harzburg und ihre wirtschaftliche Bedeutung. N. Arch. Nds. 23: 159–162, Göttingen.

SCHÖNE, G. (2007): Die Feuersteinlinie am nördlichen Harzrand und ihre Dokumentation. Geschiebekunde aktuell 23 (2): 55–61, Hamburg/Greifswald.

SCHÖNE, G. (2008): Große und kleine Geschiebe am Harznordrand. Geschiebekunde aktuell 24 (3): 81–90, Hamburg/Greifswald.

SEBASTIAN, U. (2014): Gesteinskunde. Ein Leitfaden für Einsteiger und Anwender. 3. Aufl., Springer Spektrum Verlag, Heidelberg.

SIMON, P. (1979): Die Eisenerze im Harz. Geol. Jb. 31: 65–109, Hannover.

STADT HILDESHEIM (2008): Verordnung des Bodenplanungsgebietes Innersteaue in der Stadt Hildesheim. Stadt Hildesheim.

STADT SALZGITTER (2012): Bodenplanungsgebiet Innersteaue in der Stadt Salzgitter. Fachdienst Stadtplanung, Umwelt, Bauordnung und Denkmalschutz, Fachgebiet Umwelt der Stadt Salzgitter.

STADT SALZGITTER (2013): Umweltbericht 2013. Daten und Fakten zur Umwelt in Salzgitter. Referat 68, Baufach- und umwelttechnische Grundsatzfragestellungen, Salzgitter.

VESPERMANN, J. (o.J.): Stromatolithen im Unteren Buntsandstein des Harly bei Vienenburg. www.lbeg.de/extras/geologie/downloads/geotope/Nr_98_Harly_Vienenburg.pdf Stand 1.10.2016.

VINX, R. (2011): Gesteinsbestimmung im Gelände. Spektrum Akademischer Verlag, Heidelberg.

VOIGT, T., EYNATTEN, H. v., & FRANZKE, H.-J. (2004): Late Cretaceous unconformities in the Subhercynian Cretaceous Basin (Germany). Acta Geologica Polonica 54 (4): 673–694.

WAGENBRETH, O. & STEINER, W. (1990): Geologische Streifzüge. 4. Aufl., Deutscher Verlag für Grundstoffindustrie, Leipzig.

WEYMANN, H.-J., FELDMANN, L. & BOMBIEN, H. (2005): Das Pleistozän des nördlichen Harzvorlands – eine Zusammenfassung. Eiszeitalter u. Gegenwart 55: 43–63, Hannover.

WIESE, F., WOOD, C.J. & WRAY, D.S. (2004): New advances in the stratigraphy and geochemistry of the German Turonian (Late Cretaceous) tephrostratigraphic Framework. Acta Geologica Polonica 54 (4): 657–671.

WREDE, V. (2008): Nördliche Harzrandstörung: Diskussionsbeiträge zu Tiefenstruktur, Zeitlichkeit und Kinematik. Z. dt. Ges. Geowiss. 159 (2): 293–316.

Landkarten, GIS, Karten- und Informationssysteme

HINZE, C., JORDAN, H., KNOTH, W., KRIEBEL, U. & MARTIKLOS, G. (2006): Geologische Karte Harz 1 : 100 000. Hrsg. v. Landesamt für Geologie und Bergwesen Sachsen-Anhalt in Zusammenarbeit mit dem Niedersächsischen Landesamt für Bodenforschung, 2. Aufl., Halle.

LAGB LANDESAMT FÜR GEOLOGIE UND BERGWESEN (2016a): Digitale Fachdaten. www.sachsen-anhalt.de/index.php?id=30101, Stand 1.10.2016, Halle.

LAGB LANDESAMT FÜR GEOLOGIE UND BERGWESEN (2016b): Geologische Karte von Sachsen-Anhalt 1 : 50.000, Bl. L4130, L4330. Kartenwerk GK50, Stand 1.10.2016, Halle.

LBEG LANDESAMT FÜR BERGBAU, ENERGIE und GEOLOGIE (2016a): NIBIS-Kartenserver. nibis.lbeg.de/cardomap3/, Stand 1.10.2016, Hannover.

LBEG LANDESAMT FÜR BERGBAU, ENERGIE und GEOLOGIE (2016b): Kartendienste (Web Map Services) des LBEG. www.lbeg.niedersachsen.de/portal/live.php?navigation_id=721&article_id=91769&_psmand=4, Stand 1.10.2016, Hannover.

LBEG LANDESAMT FÜR BERGBAU, ENERGIE und GEOLOGIE (2016c): Geologische Karte von Niedersachsen 1 : 50.000, Bl. L3926, L3928, L4126, L4128, L4326, L4328. Kartenwerk GK50, Stand 1.10.2016, Hannover.

OPENSTREETMAP (2016): Karte der Welt. www.openstreetmap.org, Stand 1.10.2016.

OPENTOPOMAP (2016): Topographische Karten aus OpenStreetMap. www.opentopomap.de, Stand 1.10.2016.

STAMENDESIGN (2016): Karte im Stil Toner. maps.stamen.com/toner/, Stand 1.10.2016.

Legende zu geologischen Schnitten und Karten

q	Quartär	j	Jura (ungegliedert)
qh	Holozän (ungegliedert)	jo	Oberjura (Oxfordium, Kimmeridgium)
qw	Weichsel-Kaltzeit	jm	Mitteljura
qN	Niederterrasse	ju	Unterjura
qM	Mittelterrasse	tr	Trias (ungegliedert)
qD	Drenthe-Stadium (Saale-Kaltzeit)	k	Keuper (ungegliedert, Obertrias)
qO	Oberterrasse	ko	Oberkeuper (Obertrias)
kr	Kreide (ungegliedert)	km	Mittelkeuper (Obertrias)
kroSU	Sudmerberg-Formation	ku	Unterkeuper (Obertrias)
krsa	Santonium	m	Muschelkalk (ungegliedert, Mitteltrias)
krcc	Coniacium	mo	Oberer Muschelkalk (Mitteltrias)
krEM	Emscher-Formation	mm	Mittlerer Muschelkalk (Mitteltrias)
krP.	Pläner (ungegliedert)	mu	Unterer Muschelkalk (Mitteltrias)
krPW	Weißpläner (Turonium)	so	Oberer Buntsandstein (Röt, Mitteltrias)
krPR	Rotpläner (Turonium)	sm	Mittlerer Buntsandstein (Unter- bis Mitteltrias)
krPB	Labiatus-Schichten	su	Unterer Buntsandstein
krc	Cenomanium		Salzstock
krFM	Flammenmergel	deWl	Devon (vorwiegend Wissenbach-Schiefer)
kru	Unterkreide (ungegliedert)	pl	Paläozoikum (ungegliedert, Devon bis Karbon)
kru2	Obere Unterkreide (Aptium, Albium)	G	Granit
			Diorit

Legende zu geologischen Schnitten und Karten

Copyrighthinweis zum Kartenmaterial der Routenkarten

Die Land- und Routenkarten wurden mit den frei verfügbaren Daten des OpenStreetMap-Projektes (OPENSTREETMAP 2016) und Visualisierung durch die Kartenstile OpenTopoMap (OPENTOPOMAP 2016) und Stamen Design Toner (STAMENDESIGN 2016) erstellt. Dabei gelten nachfolgende Copyrighthinweise: „© OpenStreetMap-Mitwirkende" für die Kartendaten und „© OpenTopoMap" sowie „© Stamen Design" für die Darstellung der Kartenstile (Kartenkacheln).